自然を楽しむ——見る・描く・伝える

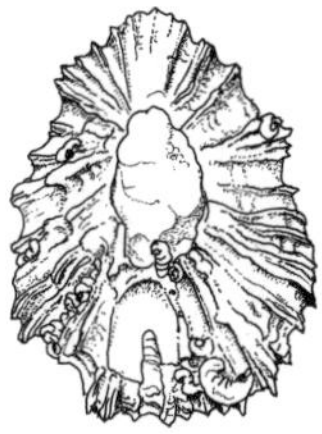

盛口 満

東京大学出版会

Enjoying Nature :
by Observing, Drawing and Telling
Mitsuru MORIGUCHI
University of Tokyo Press, 2016
ISBN 978-4-13-063345-1

Illustrations Gallery

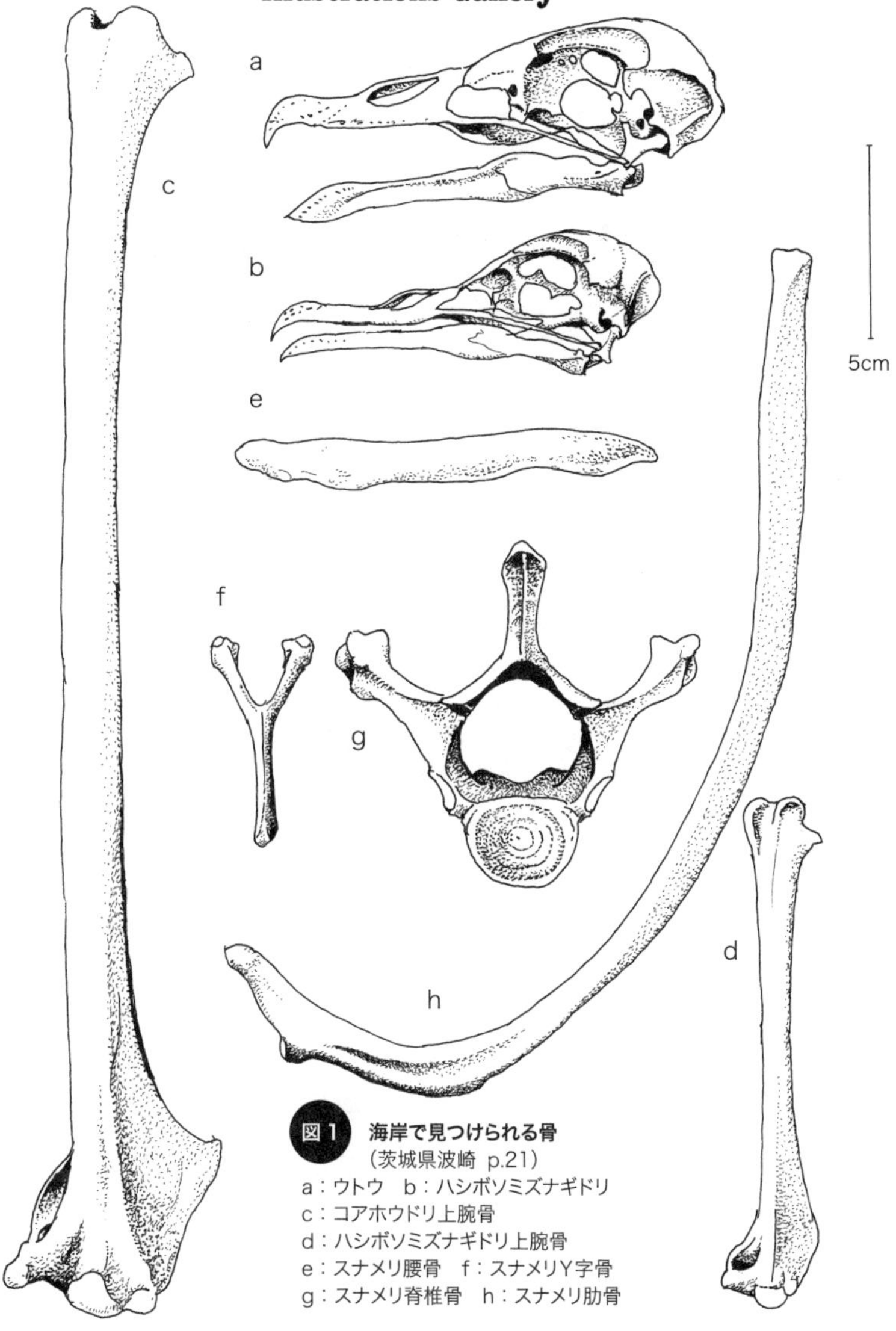

図1　海岸で見つけられる骨
（茨城県波崎 p.21）
a：ウトウ　b：ハシボソミズナギドリ
c：コアホウドリ上腕骨
d：ハシボソミズナギドリ上腕骨
e：スナメリ腰骨　f：スナメリY字骨
g：スナメリ脊椎骨　h：スナメリ肋骨

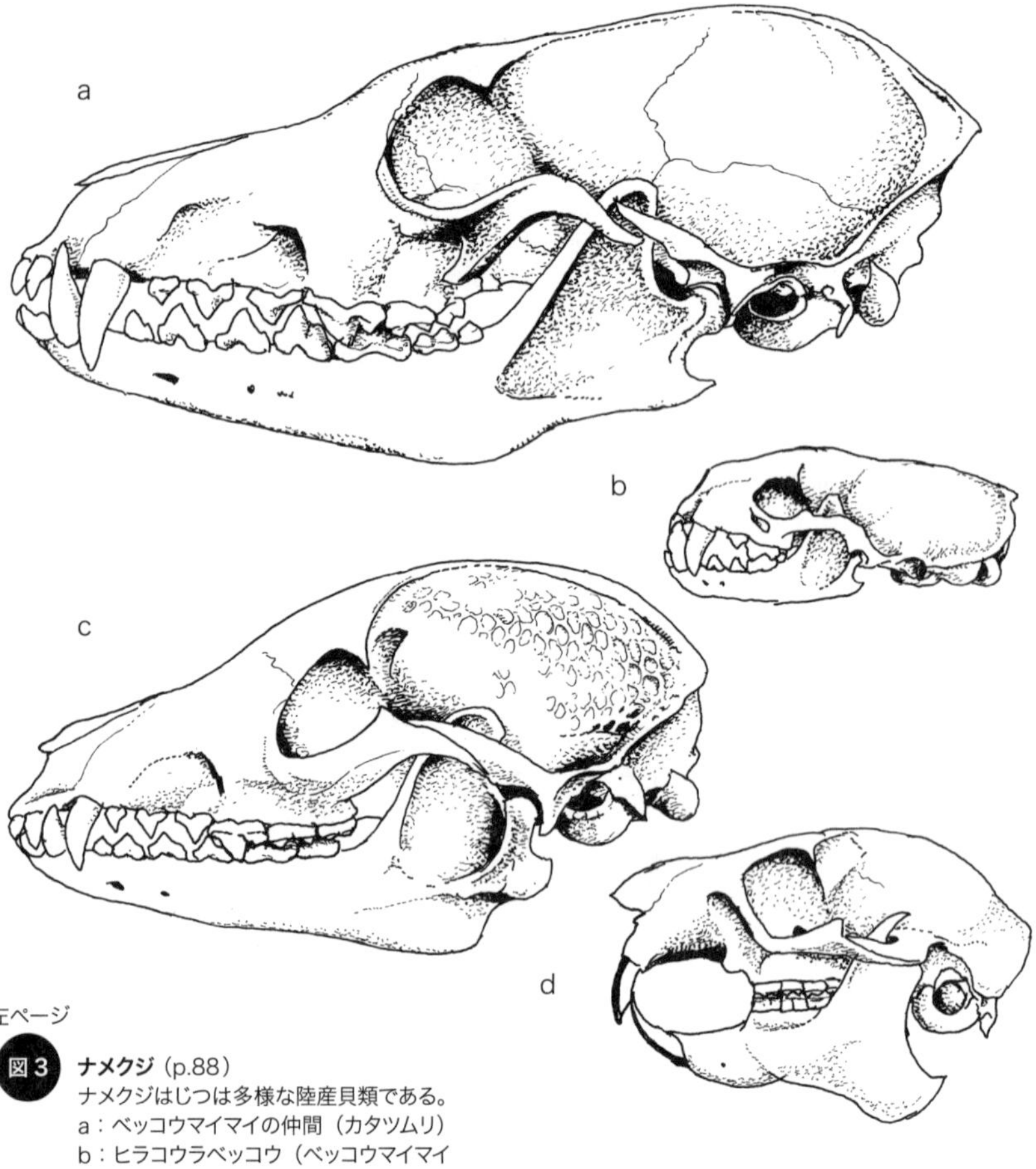

左ページ

図3 **ナメクジ**（p.88）
ナメクジはじつは多様な陸産貝類である。
a：ベッコウマイマイの仲間（カタツムリ）
b：ヒラコウラベッコウ（ベッコウマイマイ類が、ナメクジ化したもの）
c：チャコウラナメクジ
d：ナメクジ
e：ノハラナメクジ
f：ヤンバルヤマナメクジ
g：ヤマナメクジ
h：アシヒダナメクジ
i～k：イボイボナメクジ類

図2 **哺乳類の頭骨**（p.52）
名前はよく知っている哺乳類でも、頭骨は見なれぬ形をしていたりする。
a：キツネ
b：イタチ
c：タヌキ
d：ムササビ

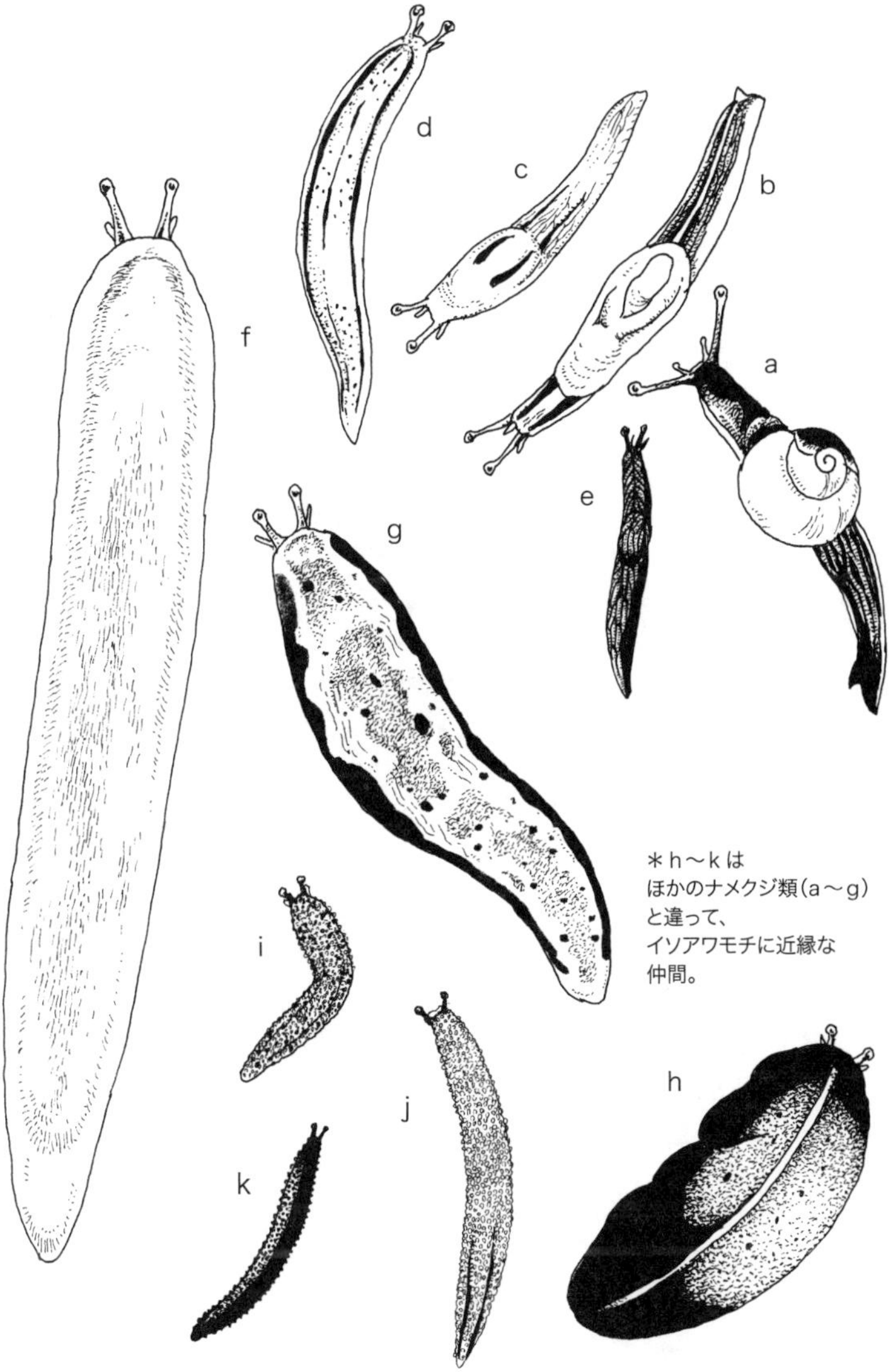
a
b
c
d
e
f
g
h
i
j
k
＊h～kは
ほかのナメクジ類（a～g）
と違って、
イソアワモチに近縁な
仲間。

——イラスト・ギャラリー

図4 **作物と雑草**（p.116）
作物はすべて雑草を経てつくりだされたという仮説がある。
実際、雑草の中には作物と類縁が近いものが少なくない。
雑草のエノコログサもアワの祖先種。
a：アワ
b：エノコログサ
c：アワ穀粒
d：エノコログサ穀粒

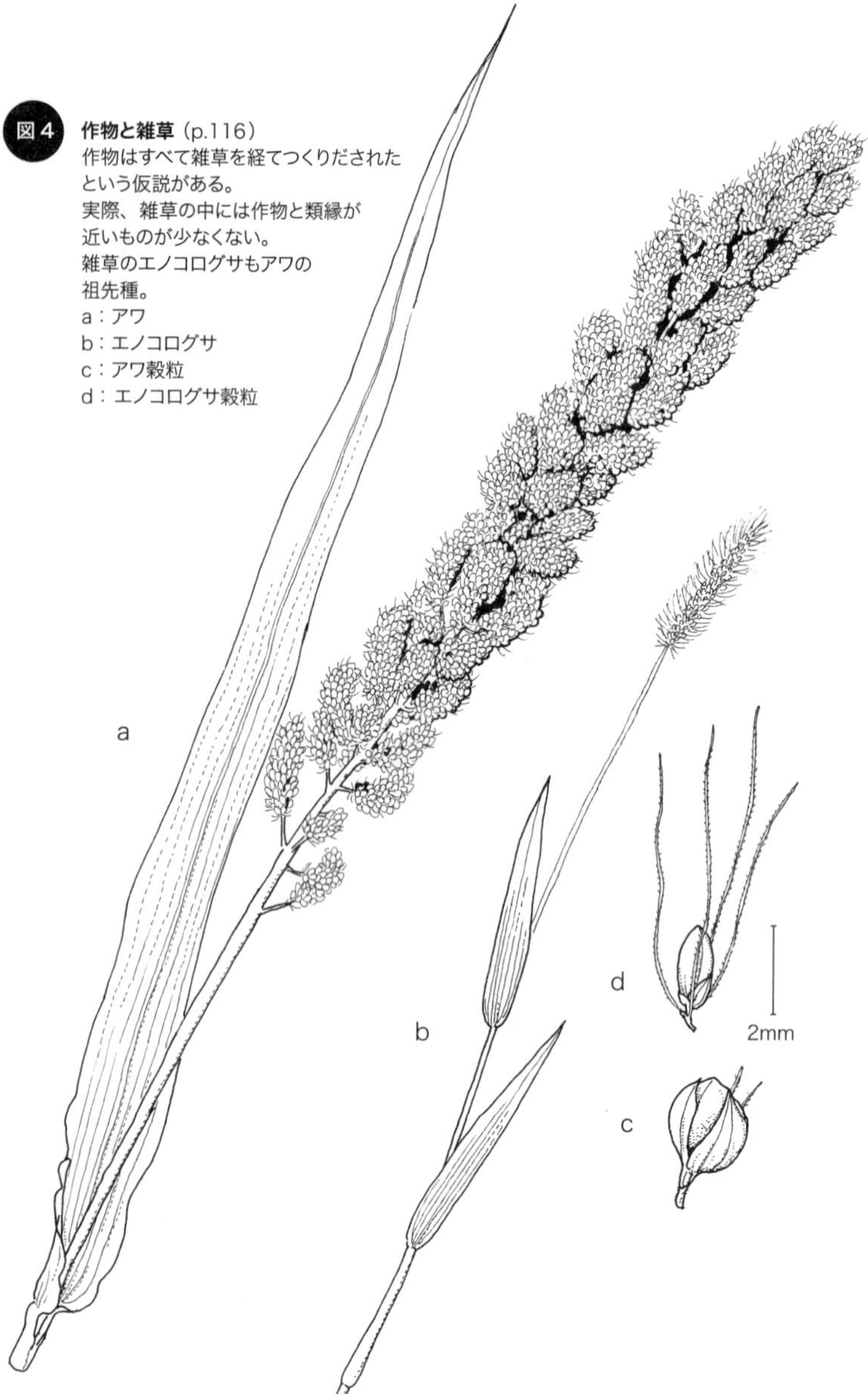

図5 **モダマ**（p.138）
屋久島以南に分布する大型の蔓性マメ科植物。
種子は海流に乗って遠くまで漂流する。
a：エンタダ・リーディー　東南アジア産だが
種子は日本の海岸にも漂着する。
b～d：ヒメモダマ（エンタダ・ファセオロイデス）
琉球列島では沖縄島以南に分布する。

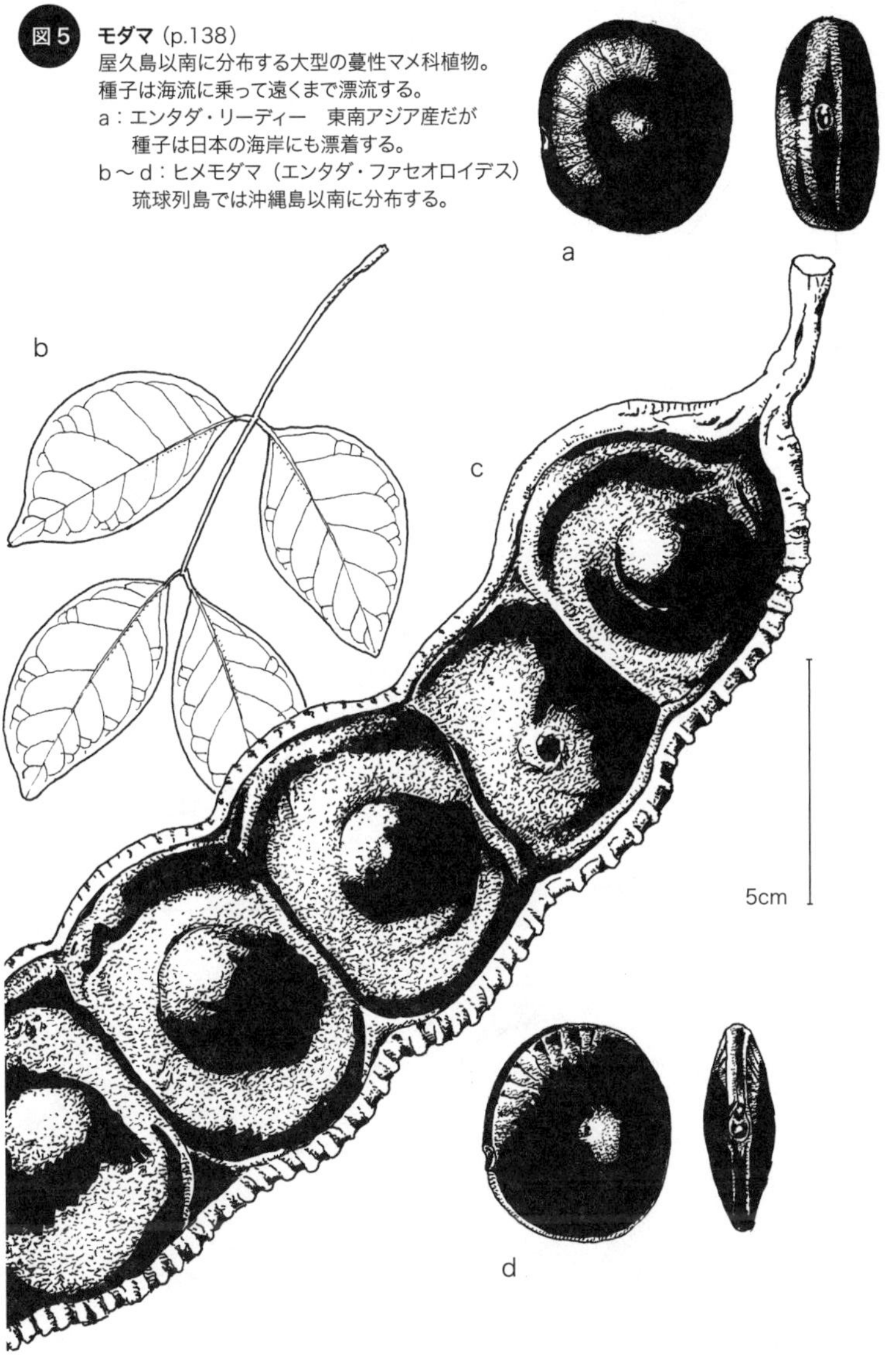

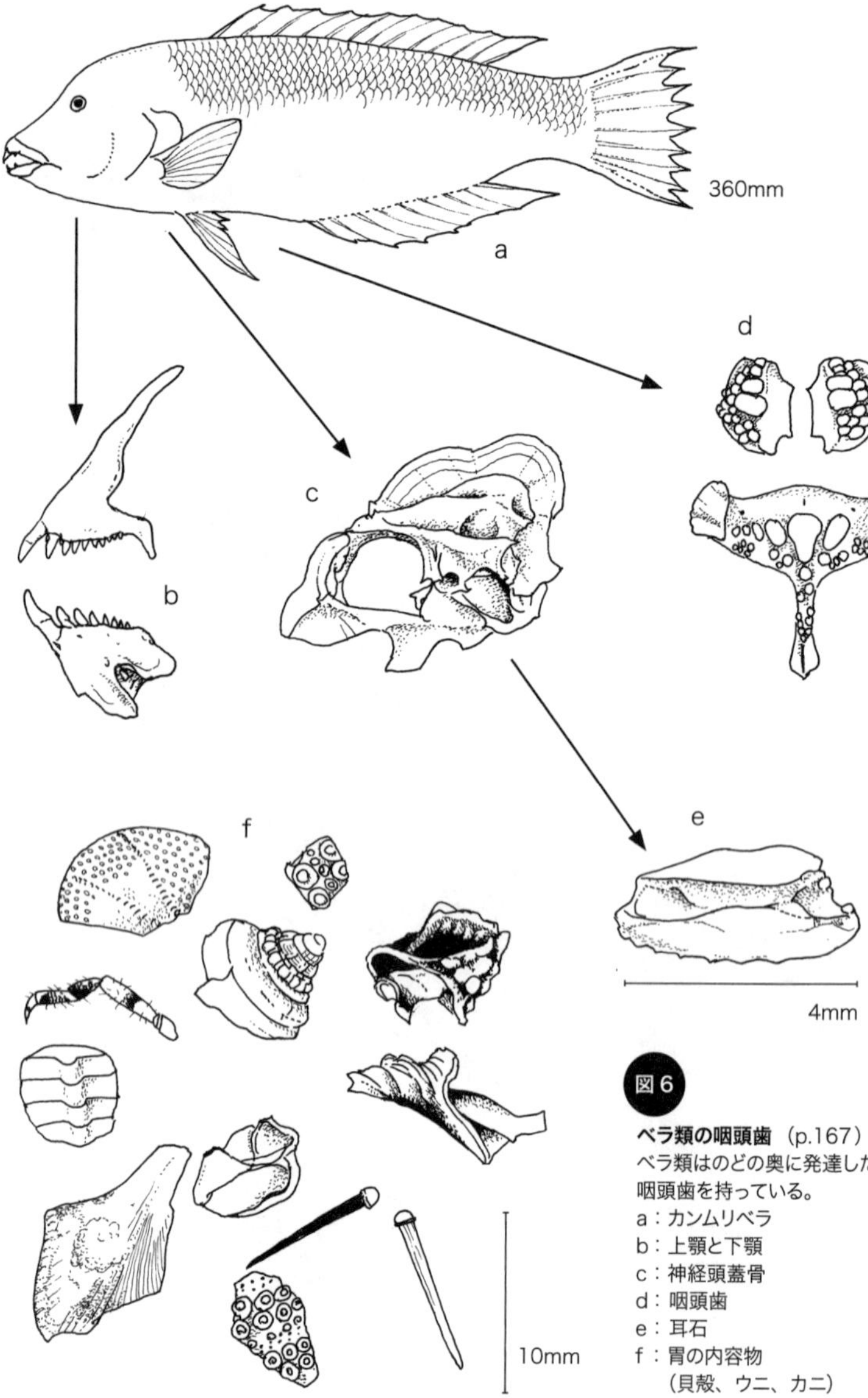

図6

ベラ類の咽頭歯 (p.167)
ベラ類はのどの奥に発達した咽頭歯を持っている。
a：カンムリベラ
b：上顎と下顎
c：神経頭蓋骨
d：咽頭歯
e：耳石
f：胃の内容物
（貝殻、ウニ、カニ）

図7　時を超える貝殻（p.210）
貝殻は丈夫であるため何十年も前に拾ったものが、そのままの色、形で残る。それだけでなく何百年、何千年も前の貝殻をそれと知らずに拾い上げることもある。

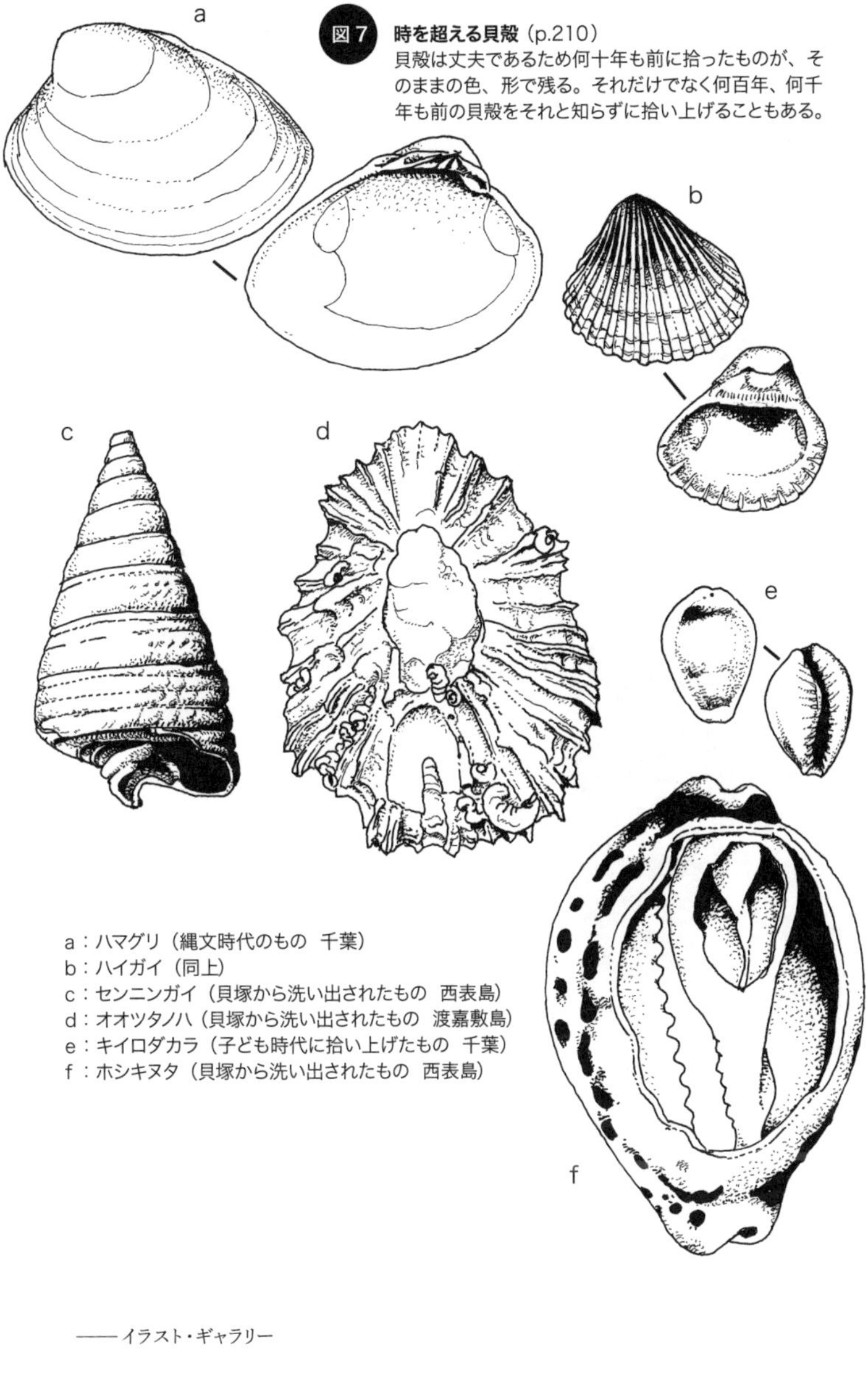

a：ハマグリ（縄文時代のもの　千葉）
b：ハイガイ（同上）
c：センニンガイ（貝塚から洗い出されたもの　西表島）
d：オオツタノハ（貝塚から洗い出されたもの　渡嘉敷島）
e：キイロダカラ（子ども時代に拾い上げたもの　千葉）
f：ホシキヌタ（貝塚から洗い出されたもの　西表島）

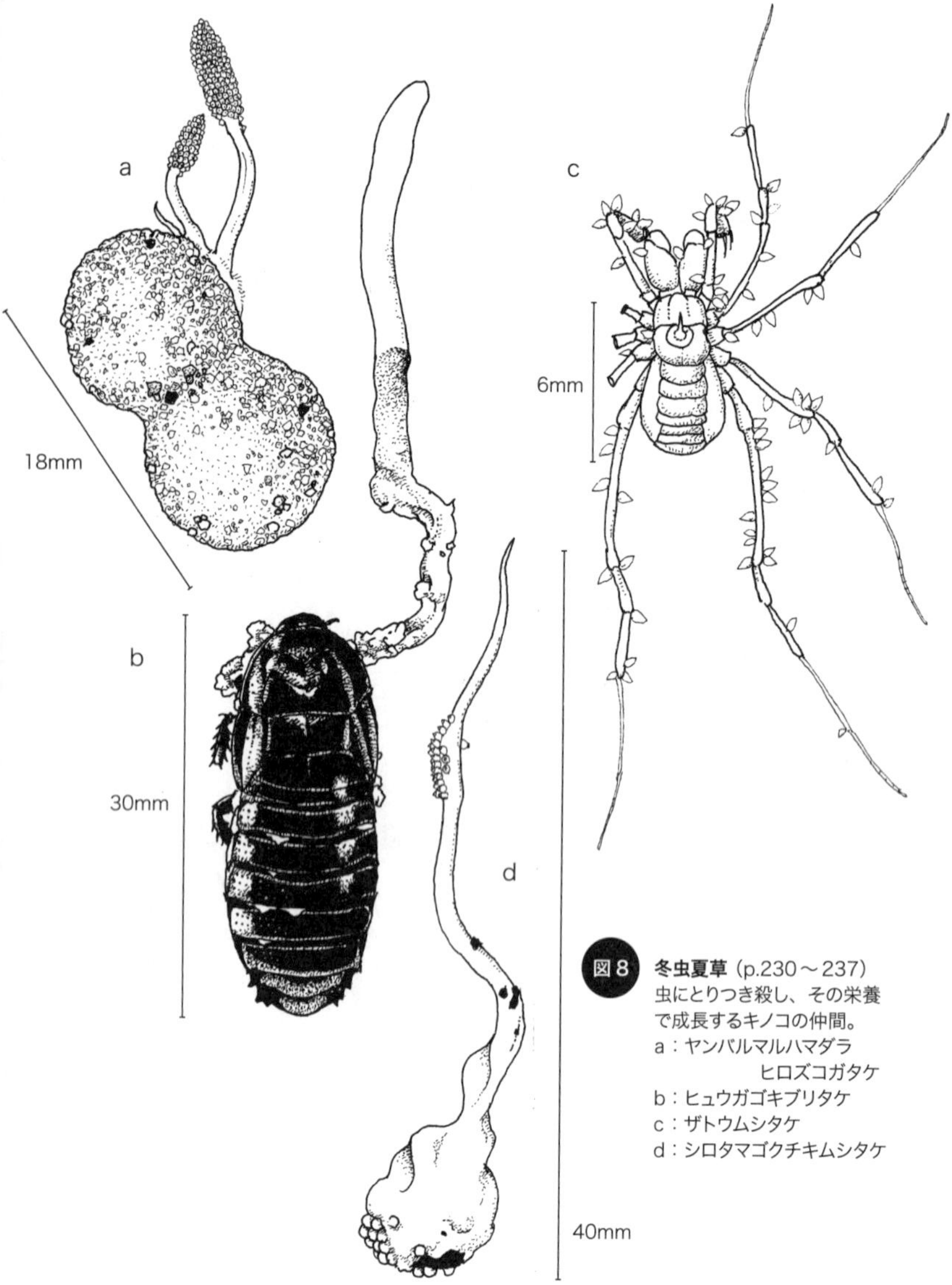

図8　冬虫夏草（p.230～237）
虫にとりつき殺し、その栄養で成長するキノコの仲間。
a：ヤンバルマルハマダラヒロズコガタケ
b：ヒュウガゴキブリタケ
c：ザトウムシタケ
d：シロタマゴクチキムシタケ

図 9 **ジュゴンの骨**（p.253）
貝塚から洗い出されたジュゴンの骨。
a：肩甲骨　b：頭骨（裏面）
c：上腕骨　d：肋骨

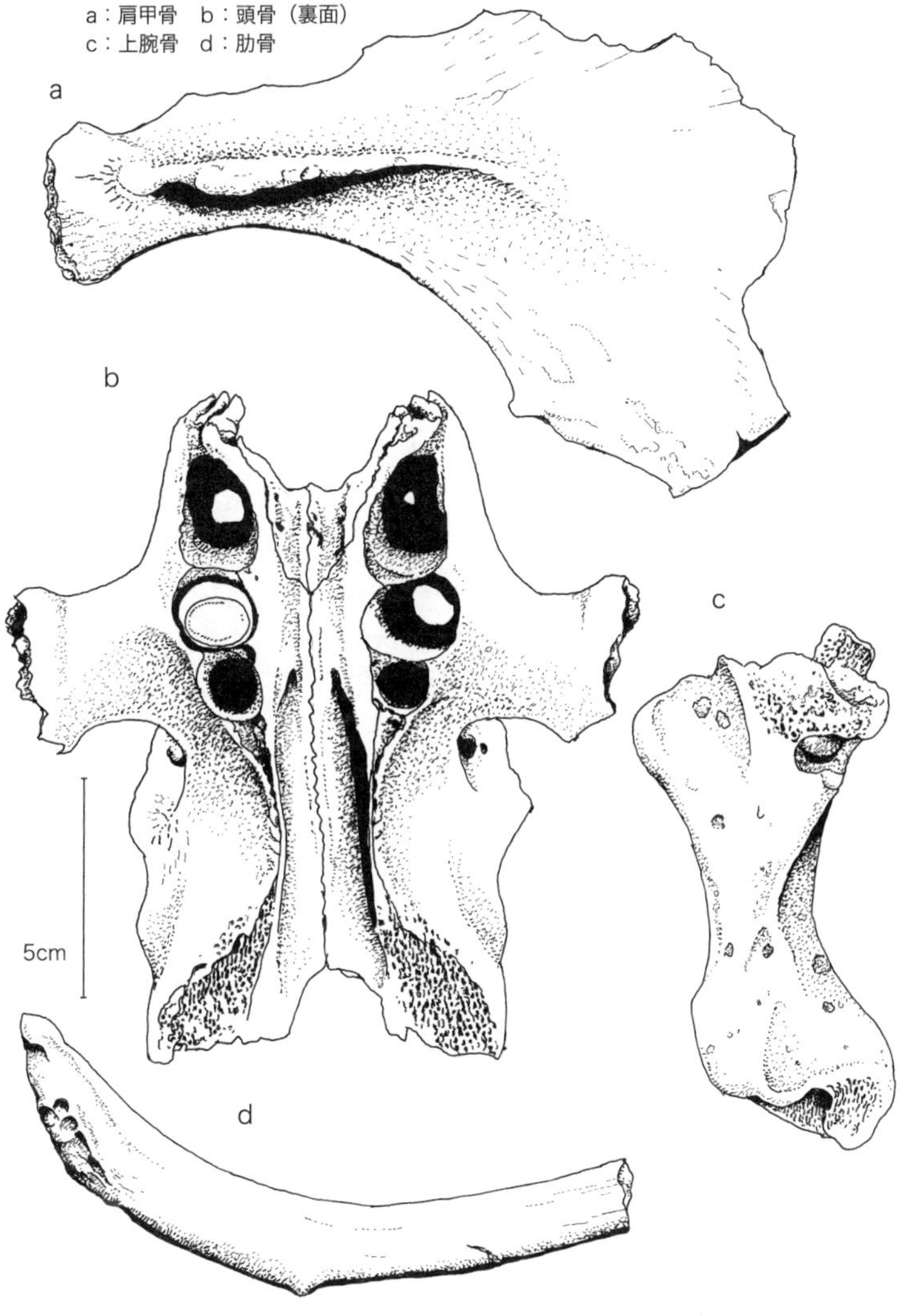

—— イラスト・ギャラリー

［目次］

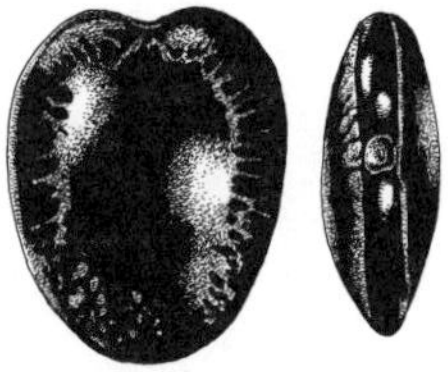

第5章 遠い自然を探して 133

第6章 遠い自然と身近な自然 155

第7章 異世界への扉 179

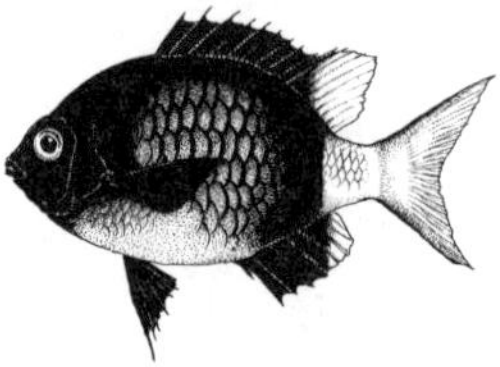

はじめに

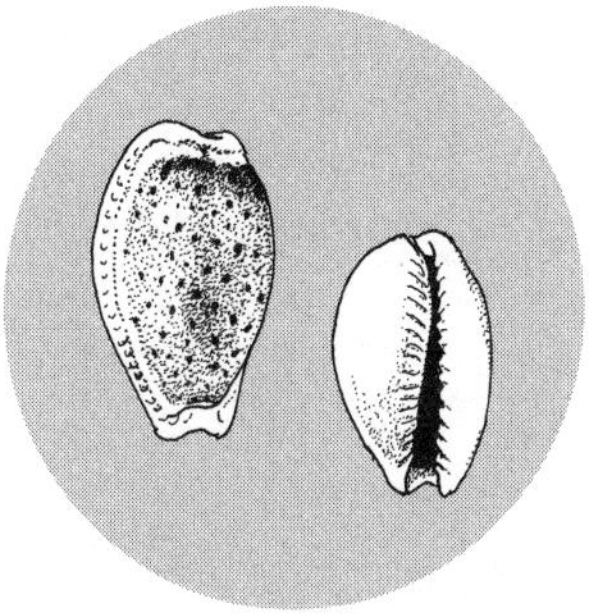

オミナエシダカラ(p.185)

「肩書をどうしましょうか?」

電話の向こうで、そんな声が聞こえる。

鹿児島県・徳之島に調査に行く予定を立てる。なにの調査かといえば、島に住んでいるおじい・おばあに昔の人々のくらしの知恵を教えてもらう調査だ。より具体的にいうと、植物の利用方法を聞き集め記録に残すのが目的である。知人のつてをたどって、島に在住の方に調査のためのおじい・おばあの紹介協力をお願いしたら、いつのまにか島の人々に講演をする企画ができあがっていた。その講演会のチラシに講演者の紹介を載せたいので、僕の肩書をどうしましょうかというのである。

「ハクブツガクシャにしますか?」

どこまで本気かわからないけれど、そんな声が続いて聞こえる。

僕は博物学者ではありません……と即座に答えた。でも……と思う。

「いや、いや……」

小さなときから、博物学という言葉にはあこがれていた。

僕が生まれたのは、房総半島の南端にある海辺の街、館山である。

小学校の二、三年生のころのある日、僕は父に連れられて行った海岸に、「たくさん」の貝殻が落ちていることに突然、気がついた。生き物の本質は多様性にある。僕はそのときは自分がなにに興味を持ったのかを理解していたわけではむろんなかった。が、この日、僕は生き物の多様性に気づいたのだ。以後、僕の少年時代は貝殻拾いとともにあった。

貝殻拾いから始まった生き物への興味は、やがて、虫やキノコ、植物にも広がっていく。そんな僕は、ひとことでいえば「世界を見たい」と思っていた。少年時代の僕の行動範囲はきわめて限られていたけれど、それでもその地にすまう貝や虫のすべての種類を見つけ出すことはできなかった。本などで垣間見る熱帯のジャングルには、それこそ無数の生き物があふれかえっているように思えた。いつか、それらを「すべて」見たいという思いがわいたのだ。

ところで、僕はせっかちなうえにぼんやりである。

大人になってから読んだ本に、有名な探検家が少年時代から探検家になるために、いかに準備を重ねてきたか（それこそ一緒に旅をする女性にどうめぐり合ったらいいかという思索も含めて）という回想を読んで、自分にはまったくそのような思考回路がそなわっていないことを自覚した。僕の場合、なんの準備や長期的な展望を持たず、とりあえず思いついてやってみてしまうということが、あまりに多い。

世界を見たい、さらにはその世界を記述したいという思いは、僕を将来探検家になるための鍛錬や準備に走らせるのではなく、いきなり『地球全生物図鑑』なる本の作成へと向かわせた。

生き物関連の新聞記事は切り抜き、不要となった理科の教科書の生き物の写真も切り抜き、さらにはテレビ画面から初めて見る生き物の映像をスケッチし、百科事典の記述を読んでその生き物の姿を復元し、地球の生き物がすべて載っている図鑑を作成しようと苦闘したのである。

しかし、僕は地球上に何種類の生き物がいるのかを知らなかった。ある日、図書館に出かけ、魚類だけを扱っているのにもかかわらず大冊となっている図鑑を見るにつれ、自分の野望が無謀であることをようやく理解した。それでもなお、小学校六年生のときの卒業文集には、将来、アマゾン川に行きたいし、なりたい職業は博物館員であると書いていた。

そんな僕は大学進学にあたって、当然のように、理学部生物学科を選んだ。しかし、ぼんやりものの僕は、大学に入学し、さらに三年生になるまで、将来、なにになるのかなど、具体的にはさっぱり考えていなかった。大学三年生になって、研究なるものの一端に触れ、自分が研究者には向いていないことを自覚してしまった。思案のあげく、僕が選んだのは、自分の好きな生き物のことを伝えるという、教員という仕事だ。

さて、こんな僕であるから、自分の軌跡を振り返っても、理路整然となどしていない。思いつきから始めて、尻切れトンボで終わっていることも少なくない。が、少なくとも、つぎの三つは、僕がやってきたことの要点といえる。

「見る」……僕の基本は、生き物を、見るということにある。

「描く」……小さなころから絵を描くのが好きだった僕は、生き物の絵を描いているときこそ、一番、充実している。

「伝える」……僕の仕事は生き物のことをだれかに伝えること。本を書くことも同じことだ。

僕には「世界を見たい・記述したい」という思いが、いまだある。この本では、自分がこれまでやってきたことを振り返り、整理してみたいと思っている。

第1章

海のフィールドワーク

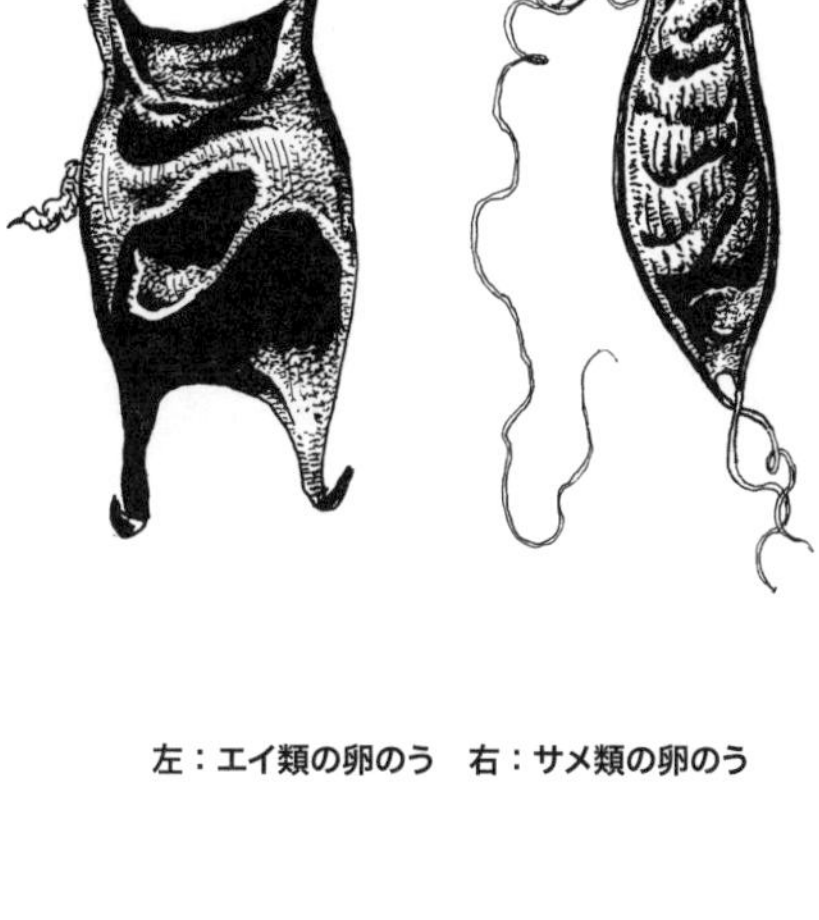

左：エイ類の卵のう　右：サメ類の卵のう

風の谷幼稚園

朝六時に池袋を出て、新宿駅で小田急線に乗り換え、新百合ヶ丘駅に向かう。七時半には新百合ヶ丘駅前をバスが発車。約三時間かけて、茨城県波崎海岸へ向かった。車内は僕のほか、四〇名ほどの小学生とその保護者が何名かだ。

風の谷幼稚園卒園者自然教室一期生の海のフィールドワークの一日である。

新宿から電車で一本。神奈川県に所在している新百合ヶ丘駅から車でほど遠くないところに、風の谷幼稚園という私立の幼稚園がある。園長先生である天野優子さんが、あるとき理想の幼稚園をつくるべきだという確信をいだき、独力で設立したユニークな幼稚園だ。首都圏内にあるにもかかわらず、幼稚園は雑木林や畑に囲まれた丘の上に建っている。校舎は木造。園内にはヒツジが飼われていて、園児たちはその毛を刈って、ポシェットをつくる。園の畑も近くにあり、ダイコンをつくってたくあんをつける。初夏、梅林では梅もぎもするし、秋には畑でイナゴを捕まえて、調理して食べる。豊富な自然体験と、豊かな情操教育を大事にしている幼稚園である。

ところが、「小学校に行くと普通になってしまう」と天野先生がいいだした。卒園者たちは、それぞれ家の近くにある公立小学校に通学をし始める。すると、これまでの教育とはまったく異なった教育を受けることになってしまう……。「だから、ときどき呼び戻すことにしました」という天野先生のひとことに、おもしろい試みだなと共感を覚える。えてして学校は、「通り過ぎる場」としてとらえられがちだ。中学を卒業したら高校へ。高校を卒業したら大学へ。通り過ぎる場どころか、やり過ごす場と思われていることさえある。ところが天野先生は、学校を「立ち戻る場」としたいといっているのだ。大学付属の小学校はあるだろうけれど、幼稚園付属の小学校なんていうのがあってもおもしろい。そう思っていたら、「あなた、手伝いなさい」と申し渡されてしまった。以来、半年に一回、幼稚園を訪れて、卒園者たちである小学生を相手に、自然教室を開催している。

先に触れたように、小さなころの僕は海岸での貝殻拾いに夢中だった。大学進学にあたっては、小動物の生態を勉強したいと思っていた。が、入学後に気がついたのは、僕の進学した大学の生物学科には、植物生態学の研究室しか存在していないという事実だった（けっきょく、僕の卒論は照葉樹林の研究だった）。学部卒業後は、教員へ。最初に赴任したのは、自由の森学園という名前の埼玉の私立中高等学校である。この学校で僕は一五年間理科教員を務めた。その後、自由の森学園を退職して沖縄に移住。移住後は、二〇〇一年に友人の立ち上げた小さなNPO立のフリースクール、珊瑚舎スコーレの講師をしながら、あちこちに出かけて自然関係のイベントの講師をしたり、生き物に関する本を書いたりして過ごしていた。その後、沖縄・

那覇に所在する私立大学に就職して、現在に至っている。

この日は卒園者プログラムに参加するために、前日の晩に、沖縄から飛行機に乗って上京していた。

半年に一回の卒園者プログラムは小学校一～三年生の希望者五〇名ほどを対象にして始まった。第一回目のテーマは「骨の学校」。僕が持ち込んだ骨格標本を教材として、骨からどんなことがわかるかについて学ぶワークだ。以下、半年ごとに「虫の学校」「木の実の学校」「海の学校」「化石の学校」とプログラムは続いた。こんなプログラムを企画するのは初めてのことだったのだけれど、思いのほか、子どもたちはおもしろがってくれた。最初一年生だった子どもたちも、プログラム終盤では四年生となる。そして、おもしろいことに、子どもたちは一連のプログラムを通じて、「骨」に一番興味を持ってくれた。そこで今回はスペシャルプログラムとして、バスを借りて、夏の海岸に骨拾いに出かけることにしたわけだった。

バスの中の授業

目的地に到着するまでは三時間ほどもかかる。そこでバスの車内でも、標本を見せながら、授業をすることにした。

「みんなは、外国だったら、どこに行ってみたい?」

そんな問から授業を始めてみる。

カナダ、ブラジル等々、子どもたちからはさまざまな国名があがる。

「僕はね、ハワイに行ってみたいんだ」

なぜか。それは、唐突に聞こえるかもしれないが、ゴキブリと関連している。ゴキブリは一般にはキラワレモノだ。しかし、僕は昆虫の中でもゴキブリに特別の興味を持っている。ゴキブリとひとくちにいっても、家の中にはけっして出没しないゴキブリもいる。日本に何種類のゴキブリがいるかというと、全部で五二種のゴキブリが知られている。ゴキブリは南方系の昆虫だから、同じ日本といっても、南に行くほど、見ることのできる種類が多くなる。だから沖縄県からは四二種ものゴキブリの記録がある。「では、ハワイには何種類、ゴキブリがいると思う?」僕は、バスの中での授業の導入として、子どもたちにそんな問を投げかけたのである。

ハワイは沖縄よりも暖かい南の島だ。ハワイにすんでいるゴキブリの種類数は、沖縄よりも多いか、同じぐらいか、少ないか。子どもたちの意見は分かれた。正解は、ゼロ。ハワイにはもともとは、まったくゴキブリがすみついていなかったというのが答えだ(現在は二〇種のゴキブリがすみついている)。ハワイのような海のど真ん中にある島には、そうそう生き物は渡ることができない。そうして見ると、日本も島国であるわけだから、日本にすんでいる生き物たちも、過去のどこかで、いろいろな手段や経路で、日本に渡ってきたということになる。

「日本にはなんというクマがいるかわかるかな?」と子どもたちに問う。

もちろん、本州にツキノワグマがいて、北海道にはヒグマがいる。ところが保育社から出版されている『原色日本動物図鑑』を見ると、もう一種類、「日本産」のクマが紹介されている。それがシロクマ……ホッキョクグマである。これまで二回、日本の領土内の海上で泳いでいるものが捕まったことがあるからだ（北海道の宗谷と新潟から記録されている）。

今、日本の国内には野生のホッキョクグマは生息していない。けれど、かつて、日本にこんなふうに泳いで渡ってきて、すみついた動物もいるかもしれない。では、モグラはどうだろう。モグラはどんなふうにして日本にやってきたのだろうか。僕は、モグラの全身骨格標本を子どもたちに見せながら、今度は、そう問うた。

「泳いだ?」「穴掘った?」……そんな答えが返ってくる。

大昔に何度も日本列島は大陸とつながっていた時代がある。モグラは、そうした陸続きだった時代に、トンネルを掘って渡ってきたのではないかと考えられているのだという話をした。

では、「沖縄にはモグラがいるだろうか?」

沖縄にはモグラはいない。こうしたやりとりを交わしながら、同じ「日本」でも、大陸とのつながり方、ひいてはすみついている動物の渡ってきた経路にはいろいろあると話を進めた。

さて、沖縄と本土とで、共通する動物はいるだろうか。

「イヌ！」……それはそうであるが、イヌは人間が運び込んだ動物だ。

「ネズミ？」……沖縄と本土では、野生のネズミの種類は違う。

「サル？」……いやいや、沖縄にはサルはいない。

答えはイノシシ。逆にいえば、沖縄と本土では、すみついている動物にかなりの違いがあるといえる。沖縄には、リスもキツネもタヌキもすんでいない。

第一回目に行った「骨の学校」というプログラムで、タヌキの骨については子どもたちと問答をとり交わしていた。その復習ということで、再度、タヌキの頭骨と毛皮をザックから取り出し、バスの中を回す。

タヌキの頭骨を見終わったところで、本土のスギ林で拾い上げたマヨネーズの空き容器を取り出した。よく見ると、容器には歯型が残されている。これはタヌキがゴミ捨て場から拾い上げ、かじった痕だ。タヌキのけもの道を歩いていると、ときどき目にするものである。これは、タヌキのいる島（本州）だからできる拾いものだ。沖縄の森を歩いていても、こんなものは落ちてはいない。ただ、タヌキの噛んだマヨネーズの空き容器なんて、その意味を知らなければ、ただのゴミに見えてしまうものだろう。

タヌキの噛み痕のあるマヨネーズ容器を見せながら、「これから海岸に拾いものに行くけれど、なんだかわからなければただのゴミだし、意味がわかれば宝物になるものがいろいろあるよ……」と僕はいった。

そんな話をして、これから海岸に行って見つける、海岸漂着物についての話につなげたのだ。海岸にはじつにさまざまなものが転がっている。

海岸には、もちろん、海の生き物の亡骸も落ちている。けれど、それだけでなく、山の生き物が、川を通じて流されたのち、打ち上がることもしばしばある。そこで、山のものも、海のものもとり混ぜて、いくつか実際に僕が海岸で拾い上げたものを子どもたちに回覧し、その中で「サメと関係しているのはどれか」というクイズを出した。予想はバラバラ。つまり、子どもたちに伝えたかったのは、海岸漂着物というのは、海のものでも、山のものでも、なかなか正体がわからないものが多い……宝物を見つけるのはたいへんなこと……ということだ。

このとき回覧したものの正体はつぎのようなものである。

①[1章扉]エイの仲間の卵のう（平たく、四角形をした黒い皮質のもの。四隅からは細長い突起が出ている）

②サメの仲間の頭骨（サメの頭骨は軟骨で、サメの頭の形とは結びつきにくい形をしている）

③クスサンのマユ（ガの仲間のマユ。網目状態になっているので、スカシダワラという名がある。丈夫であり、しばしば海岸で見つかる）

④ハリセンボンの浮き袋（膨れたハート形をした膠質のハリセンボンの浮き袋は丈夫で、ハリセンボンが死んだあと、これだけ単体で打ち上がっていることがある）

さらに第二問。今度、見せたものの正体は、つぎのようなものである。

①ハクレンの咽頭歯（ハクレンは波崎海岸に隣接する利根川にすんでいる中国原産のコイ科大型淡水魚。魚は顎にある歯以外に、のどの奥にも咽頭歯と呼ばれるものがある。コイ科の魚の咽頭歯は特徴的な形をしている）

②アオウミガメの腹甲（ウミガメ類の腹甲の骨は、四方に棘状の突起のある平たい骨のため、角やヒレの骨だと思い、ウミガメのものとわからない人が少なくない）

③コアホウドリの胸骨（鳥では、飛ぶための胸筋が付着する胸骨が発達している。大型の海鳥であるコアホウドリの胸骨はヘルメット状をしている。これも鳥の骨とすらわからない人が多いだろう）

これらの漂着物を、子どもたちに回覧し、「この中で一番遠くからきた骨はどれ？」と問うた（正解は渡り鳥のコアホウドリ）。

「これ、カメの骨」……すぐに腹甲の正体を見破ってしまう子どもが何人かいるのが、いわば教育の成果である。

「これと同じものを持っている。もっと小さいけれど」……コアホウドリの胸骨を手にとり、そんなことをいう子がいる。確かにこの子は、「海の学校」のプログラムのときにハシボソミズナギドリの胸骨を拾い上げていた。

頼もしい限りである。

一番うれしかった骨はなに？

こんなやりとりをしてもまだ時間が余ったので、子どもたちからの質問タイムとなった。

「これまでで拾って一番うれしかった骨は？」

そんな質問から始まった。子どもたちは、「一番はなに？」という質問が大好きだ。ただし、僕は「一番はなに？」と、問われるのが苦手だ。その時々で興味の対象がうつろってしまうからだ。が、拾って一番うれしかった骨に関してだけは、答えることができる。あとあとあらためて紹介をすることになるが、ジュゴンの骨である。

「じゃあ、これまで拾って一番たいへんだった骨は?」

なかなか、質問の観点がおもしろいので笑ってしまう。自分自身が拾った骨ではないのだけれど、北海道の知人からネズミイルカの死体が送られてきたことがある。ネズミイルカはイルカといっても小型だ。しかも、もうほとんど骨だけになっているものだった。それでも僕の家はマンションの七階にある。そのため、どうやってイルカを骨にするか、しばし悩んだ。やはり骨に興味を持っている友人に相談したところ、衣装ケースの中にイルカと水を入れ、蓋をし、ベランダに放置し、半年ほどそのままにしなさいというアドバイスをもらった。注意点はひとつだけ。

「けっして途中で蓋を開けてはいけません……」なんだか昔話に出てきそうなアドバイスである。半信半疑でいうとおりにしたところ、衣装ケースの水はどす黒く変化し、大量の脂が浮いたのち、徐々に変化が起き、最後にはそれほどの異臭を発することもなく、中身は、うっすらとドブ臭い水とバラバラになった骨へと変化した。こんな話を紹介する。

「じゃあ、一番長い骨は?」……ここでも「一番」に関した質問が出る。子どもたちからは、「首長竜の首?」とか「キリン!」とかいった声があがるが、ほんとうは一番長いのはクジラの下顎である。マッコウクジラの下顎でさえ、五メートル二センチという実測値がある。

「ヒトの骨、拾ったことある?」

そうも聞かれる。これはなかなか鋭い質問である。骨を拾うようになって、まず心配になったのが、「ヒトの骨を拾ってしまわないか」ということだったからだ。僕は医学を学んでいないので、ヒトの骨をきちんと見たことがない。つまり、ヒトの骨を見つけても、それとわからず拾い上げてしまうおそれがあった。対策を考えて、出した結論は、「できるだけヒトではないとわかっている動物の骨をよく見ておくようにしよう」ということだった。つまりまったく見慣れない骨を見たら、それがヒトの可能性が高いと判断できるようになるという作戦である。実際、骨を拾い出してだいぶ経ったころ、西表島の海岸でヒトの骨に気づけたことがある。見た瞬間に思ったのは、「あっ、ほんとうにわかるようになっていた」ということだった。このときは、ヒトの腰骨だけが、ぽつんと砂浜に落ちていた。沖縄はかつて風葬という風習があった。おそらく僕が見た骨は、古い風葬の名残の骨が流され、打ち上がったものだろうと思う。

「ヒトと動物の骨の違いは?」

先の質問もそうなのだが、なかなか鋭い質問をする小学生がいる。二足歩行をするヒトでは、腰骨が内臓を受け止めるような働きを持つため、独特な形になっている。また同じく二足歩行をしているヒトは、足の骨が長い。背骨も特徴的で棘突起と呼ばれる部分が短い。

「山の中で偶然、骨を見つけたことはある?」

こんな質問も出る。山の中を歩き回っても、骨を拾うことはほとんどない。一方、海岸は、海の生き物の骨も打ち上がれば、川を通じて山の生き物の骨も打ち上がる。だから骨拾いには海に出かけて行くのがいい。

「博物館に行ったら、どんな骨が目に入るの？」

こんな質問も出た。これも、おもしろい。「その時々で、目にとまる動物の種類や骨の部位が違うよ」と答えた。「ただ、博物館の骨は手にとることができないねぇ」とも付け加えた。

「ゾウの骨、拾ったことある？」

骨についての質問だけで、こんなふうに、きりがない。ゾウの骨は拾ったことがないが、タイに行ったとき、とある僧院の庭にゾウの頭の骨が転がっていたことを思い出した。そして、子どもたちの質問はまだまだ続く。

「骨、いくつぐらい持っているの？」

持っている骨の数はわからない。ただし、死体を入れる冷蔵庫は合計四つある（うち二つは食品と兼用である）などという説明をした。

「一番小さな骨はなに？」

ヒトの体の中で一番小さい骨は耳の穴の奥にある、耳小骨だ。ヒトも含め、哺乳類の耳小骨はアブミ骨、キヌタ骨、ツチ骨の合計三つあるが、そのうちキヌタ骨とツチ骨は祖先の動物では顎の骨を構成していた骨（それぞれ方骨と関節骨）である。一方、より原始的な体の仕組みをとどめる爬虫類は、耳小骨もアブミ骨ひとつしかない。こうしたことから、哺乳類が誕生したころの時代の化石を調べる際、方骨が耳小骨として働いているかどうかが、発見された化石が哺乳類に属しているか、はたまた爬虫類に属しているのかを見分ける鍵とされている。小さな骨ではあるけれど、哺乳類のれきしを読み解くには重要な部位の骨とされているのだ。恐竜の耳小骨も、トカゲと同じくひとつである。鳥は恐竜の子孫とされている生き物だ。すなわち鳥の耳小骨もアブミ骨だけである。鳥の耳小骨を取り出してみると、たいへん繊細な骨で、全体は柄の部分が細長いキノコのような形をしている。ニワトリの場合でいうと、長さは二・八ミリほど。僕はこんな話をかいつまんで子どもたちにした。

「骨じゃないけれど、イヤな生き物っているの？」

こう聞かれて、また笑ってしまった。少年時代の僕は海岸での貝殻拾いが大好きだった。それが今ではこうして海岸に骨を拾いに出かけている。いずれにしても硬いという点では共通している（「カルシウムおたくなの？」と知人に揶揄されたことがある）。その逆に、柔らかい生き物は苦手なのである。ナメクジ、イモムシ、ミミズ、さらにはウジ虫。骨を求めて死体とつきあっていると、ウジ虫とは接近遭遇する機会があるのだけれど、どうにも苦手のままである。

「子どものときの夢ってなんだったの？」

そう聞かれた。

『世界全生物図鑑』をつくること。博物館で働くこと。それが僕の夢だった。

今の僕の職業は理科教員である。当然、博物館員ではないのだけれど、こうしてさまざまな標本を背にしたザックの中から取り出して、子どもたちに生き物の話をしたりする。自称、「行商博物館」だ。ある意味、子ども時代の夢をかなえているといえるのではないだろうかと、自分では思う。

骨を拾う子ら

波崎海岸に着いた。図1
千葉県の銚子と利根川を挟んだ対岸にある波崎は、鹿島灘に沿って、広い砂浜が延々と続いている。寒流と暖流がぶつかり合う銚子沖合は有名な漁場だ。つまり波崎の海岸には南方系の生き物も、北方系の生き物もともに打ち上がる。加えて大河である利根川河口も近いため、陸から運ばれ打ち上がるものもいろいろある。沖縄移住前、埼玉で教員をしていたころから、僕はしばしば生徒たちを引き連れてこの海岸に拾いものにやってきていた。南の海から流れ着いたオウムガイを拾ったこともある。クジラの仲間の後頭部を見つけて大喜びをしたのもこの海岸だ。

七月の中旬。浜はサーファーでにぎわっていた。海の家も、三軒ほど軒を並べている。

「ねぇ、なにも拾えないことってあるの?」

一人の男の子がそう聞いてくる。相手は自然である。もちろんなにも拾えないことはありうる。それも十分にありうる。

「骨、ありましたー!」

真っ先に声をあげたのは、子どもたちに同伴をしていた保護者のお母さんだった。砂浜に降りて五〇メートルほどしか歩いていないところだ。続いて、子どもの「死体見つけたよー!」の声。これが大声なので、やや恥ずかしい。ものはハシボソミズナギドリの首なし死体。半ばミイラ化しているものだ。

タスマニアで繁殖をしているハシボソミズナギドリは、初夏、日本近海を通り北太平洋に採餌に行く渡り鳥である。そのハシボソミズナギドリが海岸に大量に漂着することがある。タスマニアから北太平洋へと、飛翔力のある成鳥は最短コースをとって飛ぶ。しかし、飛翔力の劣る幼鳥の群れは卓越東風におされ、日本沿岸に近づく。この渡りの最中、彼らは一切餌をとらない。そのため、体力のない幼鳥は天候が悪化したりすると衰弱し、死に至る。このときも、転々とハシボソミズナギドリの死体が落ちていた。「なんで、この鳥ばっかり死んでいるの?」という子どもたちに、簡単に説明をする。最初はハシボソミズナギドリの死体をめずらしがって、子どもたちはワーワーキャーキャー騒いでいたのだけれど、あまりにゴロゴロと死体が転がっているのでいちいち騒がなくなった。ふと見ると、とある女の子が足で死体を踏んづけ、首をひねってもいでいた。なかなかすごい。しかも騒がず、無言でこれをしていたところがさらにすごい。まわりを見渡すと、別の女の子が、友だちに「足で踏んづけて首を回すととれるよ」とアドバイスしている姿がある。なんだかほんとうにすごいことになっている。

ウトウとおぼしき鳥の死体が落ちていた。これはすぐに子どもたちに首をもがれた。ウトウの首をもいだ男の子は、「レア度高い?」と聞いてくる。この鳥は北方系の海鳥であるが、「北」と「南」のはざまである波崎ではウトウの死体を見ることはときどきある。

今度は「特大フライドチキン」という男の子の声。第一回目のプログラムである「骨の学校」のときに、一人一個、フライドチキンを配り、食べながらニワトリのどこの部位かを考えるというワークショップを行った。そのため、鳥の骨には親近感があるようだ。この特大フライドチキンと呼ばれた骨を見て、「おっ」と思う。上腕骨なのだけれど、ハシボソミズナギドリのものよりずっと長く、二五センチもある。どうやらコアホウドリのものだ。その骨の近くには、もう一方の上腕骨が落ちていた。それは女の子が拾い上げる。探してみたけれど、頭の骨は見当たらなかった。

この日は南方系の漂着物もボチボチ見られた。南の海にすむコブシメという巨大なコウイカの仲間の甲や、オキナガレガニという漂流物と一緒に沖合を漂流してくらすカニ、それにこれも暖流によってやってきたハリセンボンの死体もあった。そのハリセンボンの死体を拾い上げた子を見て、「いいなぁ」とまわりの子からため息がもれる。

「きれいなところだけ、とってちょうだい」

今度は、そんなことをいって、女の子が近寄ってきた。彼女の手には、胸部だけのカモメ類がぶらさがっている。おそらく打ち上がったのち、カラスに食べられたものだろう。翼も砂まみれでぼろぼろだ。きれいなところねぇと眺めて、上腕骨のつけ根にある叉骨をもいで手渡すことにした。叉骨は鳥ならではの骨である。人間でいえば鎖骨にあたるところだが、鳥の場合は左右の骨が合体してV字状になっている。

「女の子のほうが首をもいでいるねぇ」

「骨についている肉を、貝殻でそいでいる子もいたよ」

お母さんたちが、そうささやき合っているのが耳に入る。高校の教員をしていたときも、動物の解剖に興味津々なのは、総体的には女生徒のほうが多かったように思う。

「この大きな貝はなあに?」

ただし、こんなことを聞きにくる子もいた。むろん、すべての女の子が鳥の死体の首をもいでいたわけではなく、貝殻ばかり拾っている子もいたのだ。魚ばかりを拾い上げている女の子もいた。この子はマトウダイのミイラを見つけたかと思うとつぎにはカワハギを拾い上げ、ついでに隣に転がっていた大型淡水魚のハクレンの鱗をむしっては、手にした袋の中に詰め込んでいた。子どもたちの興味の持ち方はさまざまである。

「ゲッチョ（これは僕のあだ名である）、キモーイ」

うれしそうに男子が叫ぶ。大型の淡水魚であるハクレンの腐乱死体を見つけたのだ。女の子に比べると、どちらかというと男子たちは単純に大騒ぎして喜んでいることが少なくなかった。

昼食をとろうと砂浜上部にある堰堤のほうへ歩いて行く。すると「大きな骨！」という男子の声がした。「オレのだ」「オレのだ」と何人かで大騒ぎをしている。どれどれ、背骨？

子どもたちが手にした骨をちらりと見ると、棘突起が短い。「ヒト」の二文字が頭に浮かぶ。「まてまて」と子どもたちを制し、それぞれの手にあった骨を回収してじっくりと見てみた。幸い特徴的な骨が見つかる。頸椎である。頭部側の三つの頸椎が癒合している。こんな特徴を持っている頸椎は、ヒトではなく鯨類だ。陸上哺乳類は基本的に七つの頸椎を持つが、水中生活に合わせ魚のような流線形の形に戻った鯨類では頸椎が退化傾向にあり、七つの骨すべてがひとつに合着している種類もある。男子が見つけたのは小型の鯨類であるスナメリの骨だった。

食事もそこそこ、みなでスナメリの骨を探す。みなで探すうち、砂浜のあちこちで、ここにも一本、あそこにも一本と肋骨が落ちているのが見つかる。ちょうど一人の男の子が肋骨を拾い上げた。その足元にまだ肋骨が落ちているのに気づく。そこで走って行って、その骨を拾い上げた。僕はまだスナメリの骨を自分で拾い上げたことがなかったからだ。

「大人がスライディングしてた」「大人げない」

この様を見て、お母さんたちに笑われてしまう。

ところが、今度はスナメリの耳の骨を見つけた男の子がいたのでショックを受ける。鯨類の骨にはいろいろな特徴があるが、そのひとつに、内耳の周囲の骨が頭骨から分離するということがある。内耳の周囲の骨が分離するのは、空中よりも音の伝わりやすい水中でくらすことへの適応のためであると考えられたり、水圧の変化に対する適応ではないかと考えられたりしているが、まだよくわかっていない。鯨類の耳の骨は左右一対で、それぞれ鼓室と耳周骨からなる。今回、スナメリの頭骨自体は見当たらなかったのだが、頭骨から分離した耳の骨を見つけた子がいたわけだ。

鯨類の尾に近い背骨の腹側に位置している、Y字骨を見つけた子もいた。お母さんの一人は、腰骨を拾い上げていた。鯨類にはもちろん後脚はない。が、首の骨でも見たように、もともと鯨類の祖先は陸上哺乳類であった。そのため、陸上生活をしていたころの名残である退化した腰骨が体内には残されている。ほとんど棒状になるまで形が単純化しているこの腰骨は、クジラの経てきたれきしを物語る骨である。あんまり僕がほしそうな顔をしていたのだろう。この腰骨は拾い上げたお母さんが僕にくれた。せっかく拾い上げたスナメリの背骨を「しょうがねぇなぁ」という顔で僕にひとつ分けてくれた子もいた。

最後にはみなで拾い上げたものを見せ合いっこ。そうそうたる拾いもの……である。

波崎海岸で僕と一緒に骨を拾って喜んでいた子どもたちが、特別な子どもたちだとは思わない。もちろん、風の谷幼稚園での教育は、彼ら・彼女らの好奇心を育む役割を果たしていると思う。大の大人がうれしがって骨の話をしているのに影響も受けただろう。しかし、きっかけさえあれば、どんな子どもたちも、こんなふうに骨をおもしろがることはできるはずだ。そう思う。

第2章 学校というフィールド

タヌキ

普段見かける生き物はなに？

僕は生まれつきの骨マニア・死体マニアではない。僕は自然をおもしろがるのなら骨でなくともかまわないと思っている。だからむろん、骨でだってかまわない。僕が死体を拾い、骨格標本をつくりあげ、子どもたちと一緒に骨拾いツアーを行ったりしているのは、あれこれやっていたら、骨は生き物のおもしろさを伝えるのに有効なツールであることを発見してしまったからということにすぎない（だから骨であろうがなかろうが、生き物のおもしろさを伝えることができればそれでかまわない）。少し、そのことについて説明をしてみたいと思う。

「沖縄の生き物といったら、どんな生き物の名前が思い浮かぶか？」

そんな問を、高校生に発してみたことがある。

この日は、沖縄島中部にある高等学校に授業に呼ばれた。沖縄の自然についての授業をしてほしいというリクエストだったのだが、授業を始めるにあたって、僕がまず生徒たちに聞いたのが、先の問だ。

現在、沖縄生活も一五年になるが、沖縄に生まれ育ったわけではないので、生粋の沖縄人（ウチナーンチュ）とはさまざまなところで、常識が違っていることに気づかされる。先の質問を高校生たちにしてみたのは、どんな生き物を「沖縄の生き物」として認知しているかを知りたかったからだ。

「沖縄の生き物と聞いて、名前の思い浮かぶもの」という問に対して、一人、三種類の生き物の名前を紙に書いて提出してもらう。集計をした結果は、半ば予想どおりともいえるものだった。

回答数の多かった順に並べてみると、その第一位は、ヤンバルクイナだった。これは回答者の九三パーセントが名前をあげていた。続く第二位はイリオモテヤマネコで回答者の七四パーセントが名前をあげる結果となっていた。第三位はハブ（四八パーセント）。以下、マングース（二六パーセント）、ノグチゲラ（二二パーセント）と続く。

ヤンバルクイナ、イリオモテヤマネコ、ハブといった生き物の名前は、本土の人々にもよく知られたものだろう。沖縄を代表する生き物といってまちがいないと思う。しかし、県内在住の人々にとっても、ハブはともあれ、ヤンバルクイナやイリオモテヤマネコを実際に見たことがある人はどのくらいいるのだろうかと思う（ハブも移住前に心配していたほどには見かけることがない。というより、ほとんど見かけない）。

では逆に、沖縄にくらしていて、日常生活の中で、普通に見かける生き物とはどんなものだろう。

今度は、大学近くにある中学校で行った、中学一年生の授業中のやりとりで、「最近、通学路で見かけた生き物はなに?」という質問をしたときの回答を紹介してみよう。

「イヌ、ネコ、ハト、ゴキブリ、草」

これが中学一年生の回答だった。

勤務先の大学でも同様の質問を投げかけてみたことがある。「最近見た生き物はなにか?」という問に対しては、回答数の多い順に、「ネコ、イヌ、ハト、鳥、ゴキブリ、カ」という生き物の名前があがった。中学一年生の回答と、ほぼ同じ内容であることがわかるだろう。

僕がこうした問を繰り返し投げかけるのは、授業は「生徒の常識から始めて、その常識を超えるもの」だと考えているからだ。生徒のまったく知らないことを教材にしても、生徒の興味をひきつけることはできない。一方、生徒がよく知っていることを、そのままなぞっても、やはり授業にはならない。教員生活を始めて三〇年になるが、いまだに生徒の常識がどこにあるのかについては謎が多い。そのため、つねに「生徒たちの常識とはなにか?」ということが気になってしまう。一種の職業病といってもいいかもしれない。

先の「最近見た生き物はなにか?」という問に返された回答を見て、まず思うことは、都市化された環境の下では、自然が少ないということだ。あたりまえかもしれないが、そのことを再確認した。しかしもうひとつ、思ったことがある。現代社会においては、自然を気にしなくても生きていけるということである。

僕が問を投げかけた生徒や学生たちが学ぶ学校は、那覇市内にある。沖縄島は南の島であるが、平たん地の多い沖縄島・中南部は古くから人によって開発されてきた一帯だ。さらに戦争で灰塵に帰した歴史を擁し、戦後の人口増加と無秩序な開発で東京よりも緑地が少ないと思えるほど都市化が進んでいる。加えて台風被害に悩まされてきたことから、一般家屋もコンクリート建築への移行が進み、校庭でもなければ、地面もほとんど土が見えない状態にある。それでも、学校の周辺にいる生き物が、「イヌ、ネコ、ハト、ゴキブリ、草」だけであるわけではけっしてない。

たとえば、鳥を取り上げてみる。僕は小さなころから生き物好きであるのだけれど、鳥に対してはあまり興味を持てないでいる。そのため、普段から鳥に気をつけていない。それでもちょうどこの文章を書いている数日で、通勤途中に見たり、鳴き声を聞いたりした鳥の名前を思い出してみると「キジバト、ズアカアオバト、メジロ、ヒヨドリ、イソヒヨドリ、ツミ」と六種類の鳥の名前をあげることができる。幸い、元沖縄大学教授で鳥の専門家の中村和男先生が大学周辺でどんな鳥が見られるのかの二年間の調査結果を報告している。

中村先生の調査によると、大学周辺で見られる鳥のうち、観察頻度が1（観察頻度とは、その種が観察された日数の全観察日数に対する割合のこと。観察頻度1というのは、すべての観察時において観察されたことを意味している）だった鳥は、ドバト、スズメ、キジバト、ヒヨドリ、メジロの五種だった。また、ほぼ毎回といっていいほど見られた鳥（観察頻度0・9以上）に、シロガシラとリュウキュウツバメがいた。二年間の調査のうちの少なくとも一年で二日以上観察された鳥となると、二七種にもなるとあって、そんなに多様な鳥が通学路近辺でも見られるのかと驚いてしまう。なお、僕がここ数日で見かけたズアカアオバトの場合、その観察頻度0・06とある。また、この鳥は、通勤路付近ではそれほど頻繁には見られないということがわかる。また、この調査が東京だったら、おそらく観察頻度1になるのがハシブトガラスだっただろうが、那覇の場合はハシブトガラスの観察頻度もズアカアオバトと同じく0・06だ。まれに観察することがあるという程度の鳥であるのだ。

この調査結果からわかるように、那覇の街中にはけっしてハトだけしかすんでいないわけではない。ただ、ほかの種類の鳥がいても気にしないか、いても目に入らないのだ。たとえ身近に存在している生き物も、目に入っていないことがある。

中学生の回答にあった、「草」がそのいい例だろう。この回答を聞いたとき、草もまた生き物として取り上げてくれたのはたいへんうれしかった。一方で、理科教師としては、どうしても「草なんていう名前の植物なんてない」と突っ込みを入れてしまいたくなる。しかし、生徒たちの現実は、路傍の雑草たちについて個々の種名を識別する必要などなく、草とひとまとめに認知していることがわかる。現代社会においては、それでまったく困らないから、そうなっている。

このように考えたとき、これは沖縄に限った話ではないだろうなと気がついた。全国どこでも都市化は進んでいる。たとえ景観は農村のままだったとしても、そこに住んでいる子どもたちにとっても、生き物を個別に識別する能力は不要だ。「イヌ、ネコ、ハト、ゴキブリ、草」は、地域によっては「イヌ、ネコ、カラス、ダンゴムシ、草」と変化したりするかもしれないけれど、その意味するものはどこでも同じになっているのではないだろうか。

自然を気にしていなくても生きていけるのが現代社会。

しかし、自然はおもしろいものだと僕は思う。どんなに社会が変化したとしても、自然は人が生きていくときに必要なものだとも思っている。そうした思いをいだく僕が、僕の思いを伝えるためにどうしたらいいか。これこそ僕が日常いだいている問題意識である。つまり、僕の日常は、生徒や学生たちとの接点を探す日々であるともいえる。

二つのフィールド

少年時代、貝殻拾いから生き物に興味を持った僕にとって、一番、心が安らぐのは、だれもいない森や海辺で一人、生き物を見ているときだ。はたまた、そうして見つけた生き物を持ち帰り、無心になってスケッチをしているときである。

たとえば、アマゾン川流域でサルを研究してきた研究者がその履歴をまとめるとすると、アマゾン川流域とはどのようなフィールドであるのかという説明は必須であるし、なぜアフリカではなく、南米でサルを研究するに至ったかについての説明も必要であろう。そのうえで、ホエザルやウーリーモンキーといった個々のサルたちの調査結果の紹介となるであろう。

ところで、僕の場合はどうであろうか。

僕は大学を卒業し、ちょうど三〇年間、教員をしている。あるとき、僕は一番長い間、かかわっている生き物は生徒や学生たちであると気がついた。一番時間を過ごしているフィールドも、森や海辺ではなく、学校という場であると。たとえば、教員になって一年目のフィールドノートを開くと、そこには自分が見た生き物の名前や観察した個々の事象がメモされているのだが、それが教員になって一一年後のフィールドノートを開くと、書かれている内容は、つぎのとおりに変化している。

「一月二三日。ソウ君。小さいころ、ノコギリクワガタの短歯型をギリバーと呼んでいた。クワガタ全体はクワという。コクワガタはコク。コクワガタのメスはブーチン。アメリカザリガニの赤くてでかいのは、ロブスター。カブトムシはクワガタの敵みたいに思っていたから一匹も捕まえたことがなかった。本を読んで黒糖とお酒を混ぜたものを仕掛けたら虫が来たがクワガタよりもハチが多かった。ストッキングにバナナを入れて仕掛けるというのも読んだけど、ストッキングが手に入らなかった」

「二月一一日。マコ。小学校のとき、カイコ教室入れなかった。にょきにょき動くのがダメ。ケムシもダメ。ちっちゃいのがうじゃうじゃいるのもダメ。ボウフラとか。カブトムシは平気だよ」

「二月二三日。ミキコ。小っちゃいころ、縁側の隣の植え木の枝、つまんでかじったら、そったのでびっくり。枝じゃなくてナナフシだった。ジワーッと、チョコレートの味がした」

こんなふうに、フィールドノートの中身には、生徒とのやりとりの文字ばかりが並んでいるのである。

すなわち、この三〇年間の自分の軌跡を振り返り俯瞰してみようとすると、必然的に、学校というフィールドを中心にして、どのようなことを考え、行動してきたのかをまとめるということになる。

では、学校とはどのようなフィールドなのか。それは、生き物に特別な興味を持っている教員（僕）と、そうではない人々（生徒・学生）とがともにいる場であるといえる。逆にいえば、僕がこれまでやってきたことの固有性をひとことでいうならば、その両者のギャップにどのように気づき、どのようにそのギャップに橋渡しをしようかと考えてきたということにほかならない。僕の場合、最初から問題意識を持ってこの問題にかかわったというよりも、知らず、知らず、足を踏み込んだというほうが正確ではあるのだが。

教員が生徒たちと対峙する場は、おもに授業の場である。先にも書いたが、授業というのは「生徒の常識から始めて、常識を超える必要がある」ものだ。では、その生徒たちの常識はどこにあるのか。こうしたことを考えているうちに、僕にとって、「身近な自然」とはなにかということが、追究すべき大きなテーマとなった。

本書の中でこれから明らかにしようと思うのは、学校という場から見えてきた、「身近な自然」とはいったいなにかというテーマについての探求結果である。と同時に、身近な自然を明らかにするということは、対称軸としての「遠い自然」も明らかにする必要があるということである。埼玉の学校で一五年間勤務した僕が、沖縄というあらたな場に移り住んだのは、この「遠い自然」とはなにかという問題を考えてみたいと思ったからだ。三〇年間の教員生活のうち、後半一五年間は、僕は沖縄で生活をしてきた。この沖縄というフィールドが、僕のもうひとつの活動中心といえる。

けっきょく、「身近な自然」と「遠い自然」とはいったいどのようなものなのかを、学校と沖縄という二つのフィールドを中心にして考えてきたことをまとめるというのが、本書の内容ということになる。

普通の中身

とある日の夕方。この年の春に大学を卒業し、四月から小学校の現場で教員を始めている元ゼミ生から声をかけられた。ちょうど大学に用があったので、ついでに僕の姿も探していたのだという。

「小学校四年生を担当していて、理科の授業もあって、季節の移り変わりと自然を扱う単元があって、どんなふうにやろうかと思って……」という相談を受ける。なるほど。これは、沖縄の小学校の新任教員なら、だれしも一度はとまどったことのある単元ではないだろうかと思う。

たとえば手元のある小学校四年生の理科の教科書を開くと、最初のページに「春のいぶきを感じよう」と題して、見開きでツクシの写真が載せられている。が、「春＝ツクシ」という図式は、本土を中心とした自然の紹介のあり方だ。ツクシというのは、シダ植物のスギナの胞子穂の呼称のことだが、スギナ（つまりツクシも）の分布は九州南方のトカラ列島を南限としているため、沖縄の島々では姿を見ることはない。ただし、「あたりまえ」を疑うには、それなりの問題意識が必要とされる。

自分自身を振り返っても、沖縄に移住後、大学の教員になり、学生たちとツクシ談義をするまで、一〇年以上も、沖縄にツクシがないことをきちんと意識化できていなかった。

「ツクシって教科書の写真や絵でしか見たことがない」

「ツクシって、どれくらいの大きさなの?」

学生とやりとりをするなか、こんな発言を聞いて、僕はツクシが必ずしもどこでも「普通」の存在でないことにようやく気がついたというわけである。

僕にとって、生まれ故郷の南房総の自然が自己の原風景を形づくっている。つまり、本土の自然が基準である。そのため、たとえば教科書の春の項目にツクシがあっても、「あたりまえ」として認知する。一方、沖縄の学生たちは、ツクシは写真でしか見たことがないのが「あたりまえ」なので、これまたとりたてて「沖縄では見たことのないツクシがなぜ教科書に出てくるのか」ということを問題としない。そうした両者がやりとりをするなかで、ようやく「身近に見られないツクシを、沖縄生まれの人間も知っているものとされていることの不思議さ」が浮き彫りになる。たとえば、沖縄の学生たちにツクシを言葉で説明しようとして苦労をする。「ツクシの葉っぱはスギナなんだけど」と説明をしようとして、ツクシがなければ当然スギナも見たことがないことに、ようやく気づく。「ツクシは土手とかに生えているんだけど」と説明をしたら、「土手ってなに?」と聞き返され、沖縄には大きな川も鉄道線路もないので、土手自体目にしないものであることに気づかされる。

ツクシに限らず、沖縄では本土に比べると、四季の変化がわかりにくい。そのため、四季とかかわる生き物も特定しにくく、四年生のこの単元をどう教えたらいいのかは、一考が必要になる。こんなふうに、本土出身の僕は、沖縄にいることで、しばしば「普通」という言葉でくくられる言葉の中身を考えさせられる。

さて、この日、僕の教え子は、僕に「季節を教えることはむずかしい」という相談をしにきたのだけれど、一方でその言葉とは相反するように、「教科書を教えるだけなら、そこまでたいへんじゃなくって」とも僕にいった。近年の小学校の授業に関していうと、指導書も完備されているし、ネットからでも授業案が引き出せてしまう。つまり、教科書どおりの授業なら、初任者でもなんとか一通りできるような仕組みがそなわっている。これはこれでたいへんすぐれた仕組みだと思う。ある程度、「だれでも」教員になれる仕組みがなければ、公教育は成り立っていかないだろう。しかし、彼の話を聞きながら、初任者から一通りの授業ができる仕組みというのは、悩み、まどい、失敗する時間が奪われてしまっているのではないかという思いも浮かんだ。

三〇年前、僕は教員生活一年目を埼玉の私立中高等学校で始めた。その学校は、今思えば、悩み、まどい、失敗する時間を保証してくれる稀有な学校であった。だからこそ、僕は自分なりの自然とのつきあいを模索し、その成果を本という形で表すことができるようになったのだと思う。先にも書いたが、僕はせっかちであると同時に、どこかぼんやりとしているところがある。稀有な学校……いいかえればかなり変わった学校に勤務することになったのも、僕自身が考え抜いて選んだ勤務先だったということではなく、当時つきあっていた彼女に紹介されたという、かなり安直な理由からだった。つまり勤務することになった学校が、どれぐらい変わった学校であるのかは、毎日職場に足を運ぶようになって、初めて気づいた次第だった。なにより僕は、その学校で、骨と出会った。

授業がすべて

大学を卒業した僕が勤務することになった初任校は、埼玉の飯能市の雑木林に囲まれた丘陵の上に建てられた新設の私立学校だった。

「授業がすべて」

自由の森学園中・高等学校と名づけられたこの新設の私立学校の教育理念をひとことで表すと、こうなるのではないかと思う。一九八五年という、僕の大学卒業と同時に開校した学校は、当時巷をにぎわせていた数々の教育問題……校内暴力・不登校等々……に対しての解決策が模索された結果、設立された学校だった。

「生徒を試験や校則でしばりつけるのではなく、生徒のほんとうに学びたがっていることを授業で保証すること。そのことがさまざまな教育問題を解決するに至る根本である」

この考えを要約すると、先の「授業がすべて」というひとことになるわけだ。きわめてシンプルな考えで、ことさら目新しさを含んでなどいない。しかし、今に至って振り返っても、この考えは的をはずしていないのではないかと思う。

この当時も、これ以後も、テレビで学校を舞台としたドラマは数々あった。僕はほとんどテレビを見ていなかった（今はまったく見ない）ので、見落としがあるようにも思うのだが、教育を主題としたドラマでは、人格形成についてのあれこれ……クラブ活動や、生徒指導や、ホームルームや……にかかわる場面は取り上げられても、教科に関する授業によって生徒が変化したというような場面はなかったのではないかと思う（授業が舞台だと、ドラマにならないというのはあるのだろうが）。しかし、学校生活を見渡してみれば、生徒の多くの時間は授業に費やされる。この授業時間が耐え難いものであるか、充実したものであるかで、生徒にとって学校がどのような場になるかは、大きく左右されるのではないか。

「とにかくおもしろい授業をしてほしい」

教員生活を始めるにあたって、学校側から新任教員も含めた教員団に示された方針がこれだった。
「かなり変わった学校がつくられる」……そんな内容が、教育雑誌などで取り上げられたこともあり、新設の学校に入学希望者は全国から押し寄せた。それこそ、高校一年生のクラスは、当初六クラスの予定だったが、入学希望者が多すぎたため急きょ八クラスに変更されたぐらいだ。

入学試験の内容も多岐にわたっていた。学力試験、表現（音楽系、美術系、身体表現系）、それと授業を受けての面接。初年度から導入されていたか記憶が定かではないのだが、これ以外に「サイコロ」があった。つまり抽選である。これは教員がどんなに試験方法を工夫し、面接に力を注いでも、教員自体の目が節穴である可能性がある……という要素を考えに入れ、取り入れられたものである。いいかえれば、学校という場において、教員は、自己の存在を相対化する必要性がある……ということが認識されていたということだ。

普通の高校は入学試験によって、学力的に輪切りされるわけだが、自由の森学園の場合、学力のみで選抜をしているわけではなかったので、かなりさまざまな生徒が同じクラスの中で顔をつきあわせることになった。

しかも、制服はなし。校則は三つだけ（物を壊すな、人を殴るな、バイク通学禁止）。定期テストや通信簿もなし（通信簿の代わりに、学期末ごとに、生徒と教員相互の文章によるコメントのやりとりが評価表という形でとりまとめられる)。つまり、定期テストや校則で生徒を勉強机にしばりつけることはできない。大学進学をめざす生徒ばかりではないから(そのような生徒もむろん、いる。僕のクラスにも国立大に現役合格するような生徒がいた)、大学入試を目標とさせることで勉強に向かわせることもできない。そのような条件の中で、クラスの生徒全員が満足するような授業をめざすことという方針が教員へ示されたわけである。教科書や指導書などにはまったく頼ることができなかった。理科なら理科で、なぜ理科を学ぶ必要があるのか……という根本に立ち返り、授業内容を考えていく必要があった。

それまで、自分自身がそのような授業を受けたことがなかった。当然、どのような授業をしていいのかは暗中模索状態だった。結果、一年目の授業はしばしば破たんすることになった。

端的に思い出すシーンがある。

教員一年目の高校一年生の生物の授業。どんな内容の授業だったかは、僕自身もすっかり忘れてしまっている。ただ、授業中、あまりに生徒たちが騒がしかったので、僕は怒鳴ってしまった。すると、前のほうに座っていた、体の大きな男子学生が、僕を指さして高らかに笑ったのである。

この生徒は、新入生の中で、いわゆるヤンキーと呼ばれる男子生徒集団のボス的存在だった。なにより腕っぷしが強く、度胸もよかった。

このとき、僕は悟った。たんに教員っぽくふるまうことなど通用しないと。腕ずくではもちろんかなわない。後ろ盾となるような校則もない。なにより彼をひきつける話ができない。僕は授業時間中にもかかわらず、教室をあとにし、職員室に戻ると椅子にへたり込んだ。情けなかったのは、そのあとだった。クラスの中で、いつも熱心に授業に参加してくれる女子生徒が心配して、職員室までやってきて声をかけてくれたのだ。これにはまいった。

授業が成立するようになるためには、いったいどうしたらいいのだろうか。僕は頭を抱え込んだ。

3Kの法則

自然のおもしろさを伝えたい。そう思って理科教員になったわけではあるけれど、僕自身が自然のおもしろさを十分に知っていない。どうやら問題の根本はそこにある。時間はかかるだろうが、自分自身が自然のことをもっと知らなければ始まらない……そう思った。

失敗続きの授業をしながら、もうひとつわかったことがある。僕がおもしろがっていることが、必ずしも生徒たちもおもしろがることではないということだ。授業を続けているうちに、とりたてて生き物好きではないはずの生徒たちのおもしろがるポイントのようなものがあることが少しずつ見えてきた。

先にも書いたように、僕の勤めていた学校は、校則やテストで生徒をしばりつけていなかった。そのため、そのころの僕のような「しょうもない」授業をすると、教室内の生徒たちが、「寝る・騒ぐ・いなくなる」といった状況に陥ってしまう。

しかし、打開策がないわけではなかった。

僕はひそかに、こうした状況を打開する授業の要素を、3Kの法則と名づけた。

3Kとは、「キモチワルイ・怖い・食う」の頭文字からきている。

一般的に、花と動物の死体のどちらを選ぶかと問われたら（かなり極端な選択肢だけれど）、花のほうが選ばれるだろう。ところが、授業の教材という観点でいえば、どうもそうでもない。理科教員の目から見ると、生徒たちが好きなものとキライなものは、反対に位置するものではないように思うのだ。好きなものもキライなものも、ともに生徒たちの興味をひくという点では、同列である。授業づくりのうえで教材になりにくいのは、生徒たちがキライなものではなく、生徒たちが無関心なものなのだ。

だから、教室に動物の死体を持ち込むと、寝た子も起きる。ほんとうにそうだ。ヘビの死体でも鳥の死体でもいい。タヌキの死体などを持ち込むと、教室が大騒ぎになる。キモチワルイものは、いやおうなしに、生徒の無関心の殻を打ち破る力を持っている。

生き物好きを自称していても、教員になるまでの僕は、自分の好みだけで生き物を見て歩いていた。それは、貝殻だったり、昆虫だったり、キノコだったり、高山植物であったりした。しかし、中高生にとって、虫は小学生時代に興味を卒業しているものであるし、貝殻や花なんかにはとりたてて関心を持っていない。僕は教員になって、しかも困り果てたあげく、動物の死体を拾うようになった。このときから、僕は自分の好みに加えて、「生徒たちが興味を持つ生き物はなにか？」という観点で生き物を見るようになった。

ただし動物の死体を教室に持ち込むといっても、死体のままではなかなか、持ち込みにくい。保存をしておくのも厄介だし、あまりにインパクトが強すぎて、それこそ授業拒否をする生徒を生んでしまいそうだ。そこで試みたのは、動物の骨格標本をつくって授業に持ち込んでみるということだった。動物の骨格標本をつくったことは、それまでなかった。理科教育の雑誌を見ると、ときに動物の骨格標本を教材として使うという話が紹介されていた。どうやら鍋でゆでるか、水の中に浸けて腐らせるかして骨にするらしい。では、骨格標本の素材となる動物をどのように入手したらいいだろう。

教員になって半年後。僕が最初に手がけた骨格標本は、ブタの頭骨だった。僕の学校には食堂があったので、食堂の職員さんにお願いをして、出入りの肉屋からブタの頭（皮ははがされていたが、目玉などはそのままついていた）を入手することにしたのだ。

家庭科の教員に、理由はいわず、家庭科室と寸胴鍋を借り受け、放課後、鍋に入れたブタの頭をひたすら煮込む。自由の森学園はいろいろとたいへんだったけれど、おもしろい学校であったのは、こんなことをしていたら、のぞき込んだ男子生徒がお椀にブタの頭のゆで汁をよそって、塩胡椒をして飲み始めたりしたことだ。好奇心旺盛で行動力のある生徒が少なくなかったのである。

数時間煮込んだブタの頭を取り出し少し冷ましてから肉をはがす。目玉を取り除くのにはしばし格闘。脳は後頭部にあいた、脊椎神経とつながる穴から箸を突っ込み少しずつ取り出した。完全にはきれいにならないので、もう一度ゆでなおす。しかし、なんとかゆでるだけで骨をとることができそうだ。

こんなことをし始めたら、翌日には用務員さんから声をかけられた。その少し前、地元出身の用務員さんに「野生動物の死体って手に入らないかなあ」などと相談をしていたのだ。この話を覚えていてくれて、用務員さんが知り合いのハンターからノウサギを譲り受けて持ってきてくれたのである。

ブタの頭をゆでるのも初めてだったが、ノウサギの死体を間近に見るのも初めてのこと。まずはノウサギの姿をスケッチする。続いて、カッターを使って皮をはがすことに。すでに内臓は抜かれていたが、これまた初めてのことなので、全身の皮をはがすのに、けっこう苦労をする。

ほしいのは頭の骨なのだけれど、せっかくなので肉は食べることにしよう。東北出身の同僚に聞いたら、ゴボウと一緒に味噌炊きにせよとのこと。その夜はウサギ汁をこしらえることにした（ブタの頭の汁を飲んだ生徒が遊びにきて、一緒にウサギ汁を食べることになった）。血抜きが十分でなかったので、鍋の汁は真っ黒、肉の味も鶏肉にマトンを混ぜたような味がしたのだが。残念なことに、このノウサギは肝心の頭の骨が散弾で砕かれてしまっていた。煮ただけでは細かな部分にこびりついた肉がとれず、しかも砕けた頭の骨の処理をどうしようか考えたあげく、軒下に砂を入れたバケツをおき、その砂の中にしばらく埋めておくことにした。

これが僕の骨取りの初め……である。

初めての解剖

自分がなにかをし始めると、周囲に波紋のようなものが生じる。

少しずつ、僕の下へ死体が持ち込まれるようになった。

まずはヒミズが持ち込まれた。学校には何匹かのネコが半分野生状態で飼われていたのだけれど、そのネコが捕まえたものを生徒が持ってきてくれたのだ。持ち込まれたヒミズの死体をスケッチしていたら、何人かの生徒がそれを見て、「ネズミだ」「モグラだ」といい合う。そのとおりで、ヒミズはモグラの仲間（食虫類）であるのだけれど、モグラほどは地下生活にあわせた形はしていない。モグラの前脚はシャベルのようだが、ヒミズの前脚は爪こそ長いものの、そこまで特殊化はしていない。また地下の狭いトンネルを生活空間としているモグラの場合、前進・後進が自由になるように、体の前後でほぼ同じ形（全体的にサツマイモ型をしている）で、尻尾もごく短いが、ヒミズの場合、ネズミほどではないが、立派な尻尾がある。ただし目に関してはモグラ同様、ほとんどめだたない。

持ち込まれたヒミズは、解剖をしてみた。大学時代、教職の生物実験でウシガエルを解剖し、専門科目の形態学の実験でマウスを解剖したけれど、どちらかというと、いやいややった記憶がある。僕はねっからの不器用なので、形態学実験では解剖したマウスの顕微鏡観察用の試料……内臓を染色してパラフィンに埋め込み、ミクロトームと呼ばれるカンナのような機械で切片をつくる……というのが、どうにも上手につくれなかった苦い思い出ばかりがある。が、今度はだれにいわれるわけでもなく、自分の意志でヒミズを解剖し、頭を取り出し煮て、頭骨を取り出した。

ヒミズよりもずっと大きなタヌキ[2章扉]の死体が僕のところに持ち込まれたのは、就職して一年半後の秋のことだった。

ヒミズと同じく、まずは全身をスケッチする。

外見を見る限りでは、死因はわからなかった。まだ毛の中にはダニやノミがまとわりついていたから、死後、それほどの時間は経っていないと思える。タヌキを間近で見るのは、このときが初めてのこと。「顔は漫画で描かれているほど丸くはないんだ」というのが、第一印象だった。足の裏の肉球は灰色で、おそるおそる触るとふんわりとした感触があった。せっかくなのでと、スタンプ台を持ってきて、足型をとる。しかし、手をくだすことができたのは、そこまで。このとき、僕はまだ、まるごとのタヌキを解剖して、頭骨をとることができなかった。けっきょく、このタヌキは生徒にも協力をしてもらって、校庭に穴を掘り、埋葬してしまった。

タヌキの骨を手に入れるのは、これからさらに一年半後のことになる。しかもこれまたタヌキの死体から直接骨を取り出せたわけではなく、交通事故死して、野外で白骨化していたものを回収してきたものだ。交通事故にあったものなので、頭骨などはバラバラに割れてしまっていた。また一部の骨は散逸してしまっていた。それでも、このときの記録を見返すと、「念願のタヌキの骨をやっと、やっと手に入れた。意外に小さいのに驚いた」とある。やがて僕は、拾ったタヌキの首を切り離し、頭の皮をはがして、鍋で煮て、頭骨を取り出すことにさほど違和感も持たなくなるようになるのだが。

タヌキの頭骨は長さ一一センチほどだ（図2）。タヌキの頭骨は教材に適している。まず、タヌキの名前を知らない生徒や学生はいない。実際に生きたタヌキを見たことがあるかどうかは別として、昔話などに登場するタヌキは、よく知られた存在だ。しかしタヌキの頭骨を生徒や学生に見せ、なんの動物の頭骨と思うか？　と聞くと、まずあたらない。生徒たちにとって、タヌキは「知っているようで、じつはよく知らない」動物であるのだ。タヌキの頭骨を見て、すぐにタヌキのものであるとわからないのは、タヌキの死体を初めて間近に見た僕が「顔は漫画で見るように丸くない」という印象をいだいたことからわかるように、タヌキの頭骨は目の前にある頭骨よりもずっと丸いだろうというイメージを持ってしまっているからである。

タヌキの頭骨には、先のとがった犬歯がある。臼歯の先端もとがっている。骨だけ見れば肉食系の動物であるとすぐに思う。そのため、タヌキの頭骨を見せて「なんの動物だと思う？」と聞くと、その回答には、「イヌ、ネコ、イタチ（またはマングース）、ワニ、ヘビ」等々の肉食系の動物名が返される。ここで注目しておきたい点がある。先に都市化が進んだ現代において、身近な生き物が「イヌ、ネコ、ハト、ゴキブリ、草」といった回答に典型化されているという話を紹介した。しかし、タヌキの頭骨を見せると「イヌ」や「ネコ」といった答えが返ってくるのは、翻ればイヌやネコも頭骨になるとわからない……イヌやネコも「知っているようで、じつは知らないことがある」ということを表していることにほかならない。そのため、授業ではタヌキの頭骨を見せて、タヌキという動物に「じつはよく知らないことがある」ことを明らかにするだけでなく、タヌキの頭骨を入口にして、イヌとネコにも「じつはよく知らないことがある」ことに気づいてもらい、イヌとネコ、両者の頭骨の形の違いがそれぞれのくらしと関連していることを説明している。すなわち、イヌはその頭骨の鼻づらが伸びていることから嗅覚を頼りに追跡型の狩りをする動物であることがわかり、ネコは頭骨のフォルムが丸く、嗅覚にはそれほどすぐれてはいないが、大きな眼窩が二つ前を向いていることから、立体視による距離の把握を行う、忍び寄りや待ち伏せ型の狩りを行う動物であることがわかる……といった内容だ。なおタヌキの頭骨はイヌ型だが、キツネに比べると全体的にきゃしゃで犬歯の発達も貧弱であり、狩りというよりは拾い食いが得意であろうことがうかがわれる。

さて、拾ったタヌキを実際に解剖したのは、さらにさらに半年後、僕が教員になってから実に三年目の秋のことになる。こうして自分の軌跡を振り返ってみると、自分が死体とつきあうことに慣れるまでに、かなりの時間が必要だったと思う。

初めてタヌキを解剖することになったのは、「飯能の自然」と名づけた選択講座の中でのことだ。タヌキ、モグラ、ヒミズ、ジネズミ……といった、それまで拾い集めた動物の死体を、グループに分けた生徒それぞれで担当し、解剖してもらった。ニオイ消しの線香の香漂う理科室に「クサイ!」「キモチワルイ!」という声が飛び交う。しかしその一方で、普段の授業では見られない興奮した生徒たちの姿がそこにあった。それこそ、一時二〇分から始まった授業がえんえん夕方の五時半まで続いたほどだ。普通に授業をしようとすると、一時間の授業をするのにも四苦八苦していたのに……と思うと、生の自然物（死体）が生徒を魅了する力はすごいと思わされる。

このときの解剖で、個人的に強く興味をひかれたのが、タヌキの胃内容物の観察結果だった。女子生徒がどろどろになった胃内容物の中から固形物を拾い出してくれたのだけれど（「やみつきになりそう」などといっていた）、まだ消化されきっていない固形物から、野生のタヌキのメニューの一端が露わになったからだ。このときのタヌキの胃内容物からは、マダラカマドウマ、キリギリスの仲間、トンボの仲間のハネ、ハエの仲間のハネ、カキの種といったものが出てきた。頭骨の形から、その動物のくらしぶりがある程度予測できるが、死んでいる動物の胃の中を見れば、その動物がどのように生きているのかが、よりリアルに伝わってくる。こうしてみると、死体はたんに教材としての骨を取り出すための素材ではなく、その生き物のくらしを教えてくれる、たいへん貴重な存在といえる。加えて死体の解剖そのものも生徒たちに体験してもらうと、彼ら・彼女らの興味が大きくかきたてられるということもわかった。それどころか、やがて、動物の死体の処理や骨格標本づくりの主役が、僕から生徒たちのほうへ移動するまでになっていく。

解剖団の誕生

僕が教員になって七年目。思いもよらぬことだったが、「自分たちで動物の死体から骨格標本をつくりたい」といいだす生徒が現れた。

当時の日記をひっくり返してみる。

一九九二年五月一一日。

「朝、職員室に高校二年生のミズホがタヌキの死体を持ってやってくる。学校近くのW屋近くで轢かれていたものという。放課後、コータ、オートモ、コンドウ、フーマ、ミズホとタヌキを解剖する。タヌキの入っていた袋を開けてびっくり。両眼から上の頭部がない。轢かれたときに持っていかれたのだろうか。無残な姿に多少、びびる。腹も膨れている。開いてみると、腹腔から腸が飛び出ている。解剖途中、脳を取り出してみようという話になる。ちょうど事故で頭骨が割れているので、肉を切り、頭頂部の骨を取り除いた。なんとか脳全体が見える。それから、悪戦苦闘。鋸、ハサミ、ペンチなどを使って頭骨を少しずつ割り、膜をはがしてなんとか、脳全体を取り出した。胃の中の食べ物は残飯だった。〝つまんないねぇ。もっとおもしろいもの、食べてないの?〟〝でも、今度は魚とかモグラの解剖もやってみたい〟そんな声が聞こえてくる。彼ら・彼女らを解剖団と名づけることにする」

こんな内容が記されている。以後、僕が退職することになるまでの八年間、僕は解剖団の生徒たちとかかわり続けた。解剖団はクラブ活動ではなく、あくまで有志による任意団体として続けた。クラブ活動にすると、コアな興味を持つ特定のメンバーにのみ活動が限定されてしまうのではないかと考えたからだ。それよりも、一時的にふらりと参加する生徒も含めて開放的な集団であるほうがおもしろそうだ。解剖団はときによりホネホネ団などとも自称して活動を続けることになった。

解剖団（ホネホネ団）の活動がより活発化するのは、この第一期解剖団のメンバーの二期後輩になる生徒たちに、きわめて個性的な生徒たちがそろっていたことによっている。活動の中心を担ったのは、のちにドイツの標本専門学校に学びマイスターの資格をとり、帰国後、日本人初の標本士となるミノル、および大阪自然史博物館でナニワほねほね団なる活動を立ち上げ全国的に有名になるマキコだった。

ブタの頭を鍋で煮ることから始め、やがて交通事故死したタヌキを拾い骨格標本をつくり始めたわけだが、当初はせいぜい、頭骨標本を取り出し、胃の中身を確認するのが関の山で、解剖後、体の部分は校庭に埋めてしまっていた。しかし、ミノルが解剖団の活動に参加するようになると、タヌキをはじめとして、フクロウやカラスといった鳥に至るまで、全身の骨を取り出し、さらには組み立て上げるようになった。そのころのミノルの様子の一端を、当時の日記を引くことで紹介してみたい。

一九九三年九月六日。夏休み明けの日記である。

「マキコが韓国土産のモグラの干物を買ってくる。うれしい。これ、けっこう、くさい。ミノルは北海道で段ボール四箱分も骨を拾ってきた。テントを背負って、腰に紐をつけて、ズルズルと見つけた死体をひっぱって歩いたという強者。イルカのほか、トド、カモメなどものすごい。中でもイルカはドロドロの死体を切り分けて荷造りして送り出したらしい。荷物を送りつけられた学校寮がくさいと騒ぎになっていたという。箱をあけるとウジだらけ。ビニールを破り、布に包みかえ、布ごとドラム缶に入れて煮込む。そこいらじゅうに腐臭が漂う。それにしてもこんなに拾ってくるとは、すごすぎる。脱帽」

一九九四年五月六日。今度はGW明けの日記。この年の春休み、僕は五島列島福江島の海岸でゴンドウクジラの頭骨を見つけていた。しかし、まだ腐敗した肉がこびりついており、拾って帰ることができなかった。その話を聞いたミノルが、GWにヒッチハイクでクジラの骨を拾いに、五島に向かったのだった。結果、段ボール箱六個に、ゴンドウクジラ六頭分の骨を拾って学校に送りつけてきた。日記にはそのときのミノルとのやりとりが記されている。

「〝人間の欲ってきりないねぇ。でも、骨を見つけて、うれしくて、うれしくて。拾ってどうするのかといわれると困るんだけど〟とミノル。五島では、せっかく埼玉から拾いに来てくれたんだからと、地元のおじさんが船を出して骨を運ぶのを手伝ってくれたそうな」

このとき、ミノルが拾ってきたゴンドウクジラの頭骨のうちひとつは、今、大学で僕の教材のひとつとして活用させてもらっている。

ミノルやマキコの卒業後も魚の骨格標本づくりを得意とするトモキや、入れ歯用洗浄剤を骨格標本づくりに導入することを思いつくウタなどがつぎつぎに入団し、僕らの骨格標本づくりの技術は飛躍的に進歩した。つまり、僕にとって骨格標本づくりは、未熟であった教員が生徒とともに未知の領域に分け入り、ある技術や知を獲得していった一連の過程として存在している。学校は、毎年入学生がいて、卒業生が出るという「繰り返し」の場である。ただ、その中にあって、唯一性のこともまたある。未知から既知へと至ったこの骨格標本づくりの生徒たちとのやりとりの過程は、僕にとって、二度と繰り返せないことである。つまり、僕にとってこれは物語なのだ。これはなにも死体を対象としてのみ、起こりえることではないだろう。たまたま、僕らは動物の死体を対象として、そのような物語を紡いだということである。そして教員と生徒が同じ目標を持ち、知恵を出し合って歩むこのような過程こそ、たがいにとってなによりの学びの場であると思う。

自由の森学園では、一五年間にわたって、骨や死体とつきあった。それこそ、理科準備室が生徒たちから「骨部屋」という俗称をたてまつられるようになったぐらいだ。こうした取り組みから、骨格標本は生徒たちの無関心の殻を打ち破るすぐれた教材であることを実感した。それに、自分で手を出してみると、骨格標本づくりは、とりたてて特別な道具立ても必要のない、だれでもやろうと思えばできる自然とのかかわり方であるということもわかった。さらに、死体を拾うことからも、物語が紡ぎうるということもわかった。なにより、学校もまた、生き物とつきあうことのできるフィールドであると思えるようになった。

現代社会では、選択の自由はたくさんある。お菓子にせよ、テレビ番組にせよ、多様な選択肢がそろっている。しかし、自然とのかかわりは、提示されたなにかを選択するのではなく、提示されていないなにものかの存在に気づくことから、すべては始まる。そして、その気づきがほかのなにかにつながっていく。なにに気づき、どうつながっていくのか。その道筋は千差万別である。だから僕は、自然を楽しむことは物語を紡ぐことだと思っている。自分が主人公になって、物語を紡ぐことができるというのが、自然を楽しむ醍醐味だ。この考え方は、このあと、さまざまなテーマで生き物を見ていくときの、僕の見方の基本になっている。

付け加えるなら、学校、とくに授業は、やり過ごす場だと思われることがある。しかし、これも、そんなことはない。「授業がすべて」というのが自由の森学園の教育理念であった。授業がすべてというのは、授業だけが学校のすべてということではなく、授業の中身がほんとうに豊かであれば、授業外の場もまた豊かになるということである。骨格標本づくりという自分の体験した物語を振り返って、そう思う。

第3章 キラワレモノへの焦点

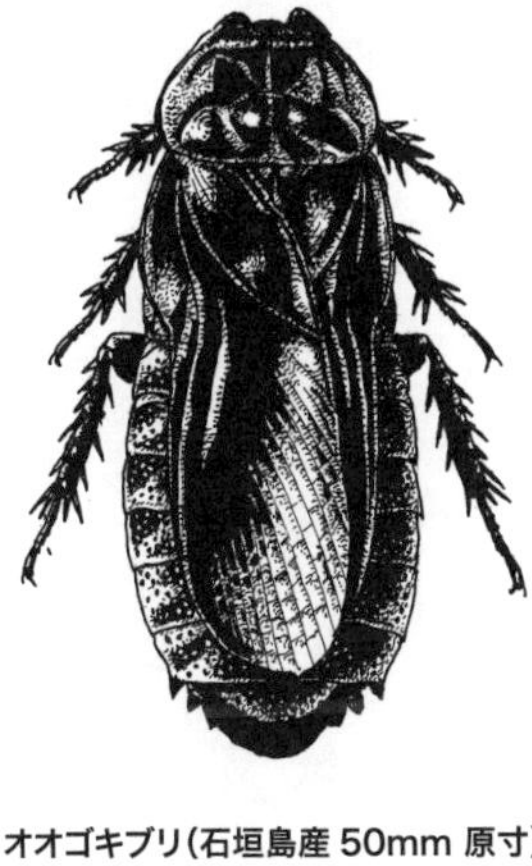

オオゴキブリ（石垣島産 50mm 原寸）

虫とかやんないでよね

骨と違って、小学生時代から虫は好きだった。しかし、虫に関しても、学校というフィールドに通うようになって、それまでとつきあい方が大きく変わる。

虫と僕とのあらたなかかわりの始まりは、自由の森学園赴任一年目、担当した中学一年生の授業に立ち戻る。

一時間の授業が終わったそのとき。女子生徒が一人、かつかつと教壇のところまで近づいてきて、「あたし、虫とかキライだから、授業で虫とかやんないでよね」といったかと思うと、あぜんとしていた僕をしり目にまた、かつかつと、自分の席のほうへと戻って行ったのである。

「そうか。中学生とかは、虫とかは興味がないんだ」

新任の理科教師は、その生徒のひとことを丸のみにした。

中高生はとりたてて虫になんて興味を持っていない。いや、逆にキライな生徒のほうが少なくない。これは確かだ。それこそ、教室内にハチなどが入り込んでこようものなら、大騒ぎになる。

しかし、やがて、先の中学生の言葉を丸のみにする必要がないことがわかってくる。

これには、自由の森学園の建てられた場所にも関係があった。

自由の森学園には学校寮があるため、生徒たちは全国から集まってきた。が、自由の森学園の所在地は、池袋から電車で一時間の距離にある飯能にある。そのため、実際には通学生のほうが人数は多く、その中でも都内や埼玉県内の都市部から通学してくる生徒が多かった。飯能というのは、関東平野が終わり、秩父の山地へと移行していく丘陵地帯にある。川沿いに細長い平地が山地へと連なり、その平地の両脇には丘陵が連なっている。丘陵は雑木林や植林地に覆われ、丘陵に谷間を刻む沢沿いには、かつては田んぼが並んでいた。現在では沢沿いの田んぼはすっかりと休耕田になり、丘陵のあちこちも整地されゴルフ場や住宅地が開発されたが、それでも飯能は、池袋からわずか一時間の距離にあって、なお緑豊かな地であり続けている。

自由の森学園は、飯能の中でも、駅から車で一五分ほども走ったところにある、周囲をすっかり雑木林や植林地に囲まれた小さな丘の上に建設された。すると、どうなるか。普段は虫に出会うことの少ない都会っ子も、学校の中で、いやおうなしに虫に出会う機会がしばしば生じることになる。結果、興味のあるなしにかかわらず、生徒は僕のところに虫についての質問や報告をしにやってきた。

いわく、「こんな虫は見たことがない」とか「この虫は刺したりしない？」とか。

こうしたやりとりを交わしていると、どうも生徒が僕のところに持ち込んでくるのは、「好意」ではなく（もともと虫が好きなわけではないから）、「不安」や「疑問」が基本であることがわかってくる。たとえば、一五年間の自由の森学園の教員生活の中で、生徒たちが僕のところへチョウの話や、チョウの実物を持ってきたことはほとんどなかった。チョウを見ても、「チョウだ」と認識した時点で、興味が終わってしまっているからだろう。逆に、ガはしばしば持ち込まれることになった。もともと、生徒たちにとってガは嫌われている。一方、キライな分だけ、ガについてはよく知らない。そこで、たまたま見つけた「変」なガにびっくりするわけである。

夜、寮の灯にオオミズアオという大型のガがやってくる。翅の色が美しい水色をしているガなので、生徒たちは、「こんなきれいなガがいる！」と驚いて、翌朝、僕のところへ報告にやってくることになる。

教室の中にヤママユガが入り込んできたこともある。「ガは怖いと思っていたけれど、全身がモフモフしているので、なんだかカワイイと思えるようになった」といいながら、見つけた女生徒がガを手に理科研究室までやってくる。「このガはなにを食べるの？」と聞いてきたので、「ヤママユガの成虫はそもそも口も退化していて、なにも食べないよ……」というと、びっくりしている。

こんなかんじである。

ハチについても、あれこれやりとりがあった。カマドウマが木工用の材木置き場で見つかったときも、「この虫はなに？」と、報告にやってきた生徒がいた。黄色いテントウムシ（キイロテントウ）を見つけた生徒は「新種？」といって、僕のところに持ち込んできた。

そして、ゴキブリについても、あれこれ、生徒たちは聞きにくる。

虫がキライな生徒にとって、ゴキブリなど一番いやな存在であるはずだ。そう思っていたのだけれど、ガと同じく、キライだからこそ気になるということがあるらしい。それにキライでやり過ごしてしまっていた分だけ、よく考えると、知らないことが多いということにも気づく。

ゴキブリの飼育

自由の森学園での教員生活で、ゴキブリをめぐっての生徒のエピソードというと、ひとつのことを思い出す。

「飯能の自然」という授業では、タヌキの解剖も手がけたけれど、後期の授業の一定期間は、生徒たちにグループをつくってもらい、自由にテーマを選んで地元の自然について調べてもらうことにしていた。ある年、そのテーマにゴキブリが選ばれた。しかも、グループのメンバーはみな、女子生徒だった。

校内でゴキブリを捕まえて、大きさを競うコンテストをしてみようとか、飼育して生態を調べてみようとか、あれこれ企画が生まれた。自由研究の期間は数カ月しかとれなかったので、けっきょく、思ったほどには研究を進めることはできなかったのだけれど、彼女たちを見ていると（たとえば、冬休みにゴキブリの飼育ケースを自宅に持ち帰り、冬休み明けにそのケースを学校に持ってくる途中、電車の中に忘れて、恥ずかしいのをこらえてひきとりに行った……とか）どうやら、ゴキブリは生徒たちをひきつける要素がある虫に思えてきた。つまりは、ゴキブリは教材になるのではないかという思いが浮かんだのだ。そこで、教材研究として、自分でもヤマトゴキブリを飼育してみることにした。

日本からはゴキブリは五二種が記録されている。そのうち屋内に入り込むのは一〇種ほどにしかすぎない。ゴキブリは不快害虫の王というべき存在だが、多くの種類は、屋内に入り込むこともなく、一生、ひっそりと野外でくらしている。もしゴキブリの中に屋内に入り込む種類がなければ、おそらくゴキブリは一部の虫好きの人間しか知らないような虫だったに違いない。

それにしても、なぜゴキブリはそこまで嫌われるのだろう。ゴキブリが嫌われる理由について少し考えてみる。近年、とみにゴキブリギライの傾向は強まっているようにも思える。とすると、これも都市化のひとつの現れかもしれない。考えてみるに、家屋の閉鎖性が高まったことが、かえってゴキブリへの嫌悪感を増していることにつながってはいないだろうか。昔の農村においては、入口に鍵をかける風習などなく、障子が開け放たれれば、家屋内は外に向けて開放された。縁側という境界を通じ、ふらりと訪れた客人とのやりとりも行われた。現代社会においては、家屋は容易に他者が入り込めない閉鎖性を保つ。許可を受けた特別の者でなければ、玄関の扉をくぐることは許されない。そうした閉鎖性を保てるがゆえに、屋内は自己の管理下にある私的な世界を構成可能だという認識が高まる。そうした「わたくし」の世界に、いきなり他者（ゴキブリ）が出現することは、たいへんな恐怖（もしくは、はなはだしく許されない事件）になるのではないか。逆にいえば、ゴキブリは都市化された中でも、最後まで残る自然のひとつといえる。自然は人間がコントロールできないものであるわけだからだ。もっとも、自然科学の発達と、それにともなう科学技術の産業化が進む中、「自然はどこまでも理解可能で、都合よくコントロールできるもの」という人間の思い込みが広がっているようにも思う。そうした思い込みの際たるものが、「3・11」で露わになった原発をめぐる言説であったろう。完全にひいき目の主張であるが、ゴキブリは、自己の都合によってコントロールできないものがあるということを身近で教えてくれる貴重な存在といえないだろうか。

ともあれ、屋内性のゴキブリは、コスモポリタンが多い。都内の屋内でよく見る、クロゴキブリやチャバネゴキブリ、それに沖縄など南の地域の屋内でよく見るワモンゴキブリは、いずれも外来種だ。ワモンゴキブリの場合はアフリカが原産地で、奴隷貿易によって世界に広がったのではと考えられている。ただ、こうしたコスモポリタンとなっているゴキブリは、原産地がどこであったかが、すでにわからなくなってしまっているものも少なくない。そうした屋内性ゴキブリの中で、ヤマトゴキブリに限っては日本在来種である。関東地方だと、夏、雑木林にカブトムシを探しに行くと、ほかの虫に混じって樹液にヤマトゴキブリがきているのを見ることができる。自由の森学園のある飯能では、屋内で見られるのは、このヤマトゴキブリだった。もともとヤマトゴキブリが屋内で見られた地方でも、外来のクロゴキブリが侵入すると、屋内で見られるゴキブリがクロゴキブリに置き換わってしまう。そうした点からすると、飯能の屋内性ゴキブリは、まだ郊外型であるといえる。

ゴキブリを飼育してみようと思った一番の理由は、生徒たちが僕のところへよく「ゴキブリは一匹いたら三〇匹いるってほんとう?」という質問をしにきたからだ。ゴキブリはほかの昆虫に比べて、増殖率が高いのだろうか? 増殖率が高いということは、繁殖までの期間が短いか、産卵数が多いかいずれかの場合が考えられる。ゴキブリはいったいどのくらいの期間で、卵から成虫まで成長するのだろうか。はたまた、一生の間にどのくらい卵を産むのだろうか。そうしたことを、自分の目で確かめてみようと思ったのだ。おそらく教員にならなかったら、一生、ゴキブリなど飼育することはなかったのではないだろうか。われながらそう思う。

飼育には苦労をした。なぜかというと、予想以上に成長に時間がかかったからだ。四月に産卵された卵から孵化した幼虫は、その後、二回の冬を越して三年目の春にようやく成虫になったのである。羽化までの総日数は六五五日もかかったことになる(もちろん飼育条件や種類によって、成長期間には違いがある）。ヤマトゴキブリは産卵数もほかの昆虫に比べてとりたてて多いということはなく、二〇〇～四〇〇個ほどだ。ゴキブリの仲間は起源が古い昆虫のひとつである。こうした古いタイプの昆虫は、成長に時間がかかるものが少なくない。そうしたゴキブリが「一匹いたら……」と思われているのは、人家内には餌が豊富に存在する一方、敵からの捕食圧が低いなど、くらしのさまざまな面でめぐまれているからだろう（つまり、屋内には、ゴキブリが死ににくい環境が保たれている）。

生徒たちとのいろいろなやりとりや、こうした自分の観察も含めて、僕は少しずつ、虫……それこそゴキブリも……を授業の教材へと取り入れるようになった。

小学校での虫の授業

自由の森学園では、ほんとうにいろいろなことを学ばせてもらった。が、一五年勤めた自由の森学園を退職し、沖縄に移住することにする。僕はなにかをしたあとで考えるタイプだ。このときも、学校を退職し、沖縄に行く理由がこれであるという、はっきりといいきれる理由があったわけではない。いくつか、具体的な理由はあった。あとで触れるように、身近な自然ならぬ、遠い自然について考えてみたいという思いもあった。ただし、ひっくるめていえば、なんだかおもしろいことができるかな……程度の漠然とした考えで、僕は退職を決めた。

沖縄に移住後、あらたなフィールドを体験することになる。それが、小学校という場だ。最初に授業をしたのは、沖縄島南部の小学校三年生のクラスである。このとき、「小学校三年生の理科に昆虫という単元があるのですが、小学校の教員は女性が多くて、昆虫が苦手な人が多いんです。だから昆虫の授業をしてもらえませんか?」と頼まれ、なるほどと、思う。

ただし、小学校というのは、僕にとって初めてのフィールドであるため、それなりの不安感を覚えた。とくに授業案には、だいぶ悩んだ。なにしろ、授業というのは「生徒の常識から始まり、常識を超えるもの」である。ということは、小学生たちの常識を知らなければならない。が、僕は沖縄に移住したばかりだった。小学生に授業をしたこともなければ、沖縄の小学生が、どんな虫のことを知っているのかもよくわからなかった。そこで、街中を歩き回り、沖縄で「普通」に見かける虫はいったいなにかということを調査して回ることから授業づくりを始めることにした。

歩き回っているうちに、目に入ったのは、庭木にとりついたミノムシの仲間のミノだった。ミノムシという名はだれしも知っていると思うが、ミノムシがどんな虫であるのかは、知らない人も少なくない。

「ミノムシは、なにかになるの?」

後年のことになるが、大学に勤め出してから、同僚の算数教育の担当をしている教員（彼女は小学校の校長先生あがりの教員である）からそんなふうに問われたことがある。小学校の教員を長年務めた人でさえ、こんなふうに思っているわけである。

ミノムシはミノガと呼ばれるガの幼虫である。沖縄の場合、チャミノガ、クロツヤミノガ、アシシロマルバネミノガといった種類のミノガの幼虫（つまりはミノムシ）の姿を見ることができる。チャミノガのミノは三センチほど。表面に切り落とされた木の枝が並べられているのが特徴だ。クロツヤミノガのミノの表面には、めだった枝のようなものはくっつけられていない。四センチほどの先端のとがった細長いミノが特徴である。アシシロマルバネミノガのミノは小ぶりで二センチもない。表面には切り取られた葉の小片がくっつけられているが、それらに混じって、脱皮をしたあとの幼虫の頭部のヌケガラが付着しているのが特徴である。このように種類によってミノの形に違いがあるので、ミノだけを見つけてもなんという種類かわかったりする（ただし、見つけることのできるミノムシの種類の名がすべてわかるわけではないが）。

ミノムシがガの幼虫であることを知っていても、実際にミノからガが羽化してくるのを見たことがある人となると、さらに数がしぼられてしまうだろう。ミノムシはおもしろいガで、たとえばチャミノガの場合、ミノの中で幼虫がサナギになったあと、オスは翅のある成虫に羽化してミノの外へと飛び出すが、メスはサナギから羽化した成虫は翅もないイモムシ型（正確にいうと肢も退化し、イモムシよりもさらに簡略化された体のつくりになっている）で、ミノの外どころか、サナギの殻の外にさえ出ることはない。ミノの中にとどまり、翅のあるオスが飛んできて交尾をしたのちは、ミノの中に多数の卵を産みつけ、そのまま寿命を迎える。

沖縄の小学校での虫の授業は、こうしてミノムシを導入教材として使うことにした。チャミノガのミノをクラスの人数分集め、教室内に持ち込んだのだ。ミノムシのミノを生徒一人一人に配って歩く。配りきったところで、ミノの中になにが入っているかを確かめさせた。

幼虫が入っているもの。死んでミイラ状になった幼虫が入っているもの。オスのサナギ。メスのサナギ。この授業を行ったのは三月の初旬だったのだが、沖縄ではちょうどチャミノガが蛹化する時期にあたっていたらしく、幼虫とサナギの両方のステージを見ることができた（本土ではチャミノガが羽化するのは六月ごろだ）。

実際に授業をしてみれば、心配したほどのことはなく、自由の森学園で培った授業方法は小学校でも通用した。小学生たちが、中高生と違っていたのは、三、四年生ごろまでは、男の子も女の子も基本的には虫が大好きであることだった。

キラワレモノは人気者

このときの授業はミノムシだけを教材にしたわけではなかった。もうひとつ、授業の中で取り上げた虫がいる。

僕は「ミノムシは自分で巣をつくっているけれど、人間の家を住処にしている虫もいるね」といって、話をゴキブリにつなげたのである。

自由の森学園での授業経験から、ゴキブリは虫ギライの中高生たちに、ウケることはわかっていた。それなら、虫好きの小学生にはどんなふうに受け止められるのだろうと思ったのだ。

「ヒトが家をつくるようになる前は、ゴキブリはどこでくらしていたのだろう？」という問題を出して、子どもたちに考えてもらう。

問題についてのやりとりの中から、ゴキブリには屋内に入ってこない、屋外性の種類もいることを確認する。

そんなやりとりを交わしたあと、実際に、屋外性のゴキブリを見てもらうことにした。森林生のオオゴキブリを飼育ケースから取り出す。せっかくの特別授業である。なにかしらのインパクトがなければ、わざわざ授業に呼んでもらった意味がない。骨や死体を教室に持ち込むと、生徒たちの無関心の殻を打ち破るという話を書いたが、同様、生きたゴキブリも生徒たちの無関心の殻を打ち破る。そのため、僕は、いつ虫の授業があってもいいように、教材用に自宅でオオゴキブリを飼育している。

子どもたちは生きたゴキブリが登場すると聞いて、狙いどおり、「ギャーッ」という叫び声をあげていた。授業がつまらないから騒ぐのではなく、授業の内容に対応して騒ぐことができるというのも、大事なことではないかと、これまた思っている。

[3章扉]オオゴキブリは、体長五センチほどにもなる、日本で最重量を誇るゴキブリである。青森から屋久島までと、八重山地方に分布し（つまり沖縄島には分布していない）、後者は亜種、ヤエヤマゴキブリとされている。オオゴキブリは朽ち木の中にくらし、餌もまた朽ち木である。オオゴキブリは、屋内性のゴキブリのように動きがすばやくない。

オオゴキブリが僕の手のひらの上でおとなしくしているさまを見て、しばらくすると、おそるおそるなで始める子たちも現れ出す。朽木生のオオゴキブリは、成虫に翅はあっても飛ぶことはできず、動きも鈍い。触角が短いところもあまりゴキブリっぽくない。朽木の中にくらしていて、黒光りをしているというさまから、なんとなくカブトムシやクワガタを連想するゴキブリである。

「なんていう名前をつけているの?」と子どもたちに問われる。

飼っているゴキブリに名前をつける趣味はなかったので、この質問には意表をつかれた。それでもとっさに「ゴキジロウ」と答えたら、大いにウケた。そして、「こっちにもゴキジロウ持ってきて」とすっかり、オオゴキブリが人気者になってしまう。最後には、自分の手のひらに載せることができるようになった子も出てくるぐらいだ。

小学校で授業をしてみると、虫好きであるはずの小学生たちも、ゴキブリに強い興味をひかれることがわかる。してみると、どうやらゴキブリはキラワレモノではなくて、人気者なのではあるまいか。そんなふうに思い出す。

好きな虫とキライな虫

何度か小学校での授業を重ねるうち、ようやく沖縄の小学生の虫に対する常識のありどころがつかめてくる。そうすると、わざわざ授業のたびにミノムシをクラスの人数分、集める必要がないこともわかってくる。改良した虫の授業の冒頭では、子どもたちに「好きな虫」「キライな虫」はなにか？　という質問から始めることにしている。この質問は、子どもたちの虫に対する認識を、授業者である僕が毎回確認するという意味と、子どもたち自身も、自分たちがどんなふうに虫を見ているかを確認するという意味がある。

たとえば、宜野湾市のO小学校の二年生の授業。

「好きな虫はなに？」という問については、つぎのような声があがった。

カブトムシ、チョウ、オウゴンオニクワガタ、テントウムシ、トカゲ一方、「キライな虫はなに?」という問については、つぎのような回答だった。

ミミズ、ハチ、ゴキブリ、カナブン、ナメクジ、ヤンバルムシ(ヤスデのこと)、ゲジゲジ、カタツムリ

小学生に、「好きな虫はなに?」と聞いて、返される定番は、カブトムシやクワガタムシ、テントウムシといった虫たちの名だ。上記の例にあるように、さらにくわしく「オウゴンオニクワガタ」だの「ヘラクレスオオカブトムシ」とかいった名前があがる場合もある。こうした名前を口にするのはもちろんとりわけ虫好きな子で、たいがいは男の子だ。

子どもたちの好きな虫を教材にして授業をするという方法もある。しかし、好きな虫を教材に取り上げてしまうと、一部の虫好きの子ばかりが盛り上がり、それほど虫に興味のない子たちは授業からおいていかれかねないおそれがある。一方で、「キライな虫はなに?」と聞くと、女の子も含め、クラスの多くの子たちが手をあげる。すなわち、キライな虫を教材としたほうが、よりいろいろな子どもたちが授業に参加することができるのではないかと僕は思う。

ちなみに、子どもたちのあげるキライな虫の名を聞き集めてみると、名のあげられた虫は以下の三タイプに分類できそうだ。

①自分に被害をおよぼす可能性のあるもの(ハチ、ケムシ、カなど)

②不快害虫とされているもの（ゴキブリ、ナメクジなど）
③個人的にキライになった理由があるもの（さまざま）

さて、こうしてあげられたキライな虫の名を、二五クラス分、集計してみた。第一位はむろん、ゴキブリである。これは二五クラス中二五クラスすべてで名前があがった。回答率一〇〇パーセントで、キラワレモノ中のキラワレモノということができる。以下、つぎのような結果であった。

ムカデ（七二パーセント）
ケムシ（六八パーセント）
クモ（六〇パーセント）
ハチ（四八パーセント）
ガ（三二パーセント）
カメムシ（三二パーセント）
ヤモリ（二八パーセント）

このあと、ハエ、カ、ミミズ、バッタ、カマキリ……と続く。

僕は少年時代、昆虫採集に夢中だった時期がある。ほかの子どもたち同様、カブトムシやクワガタムシが好きだったのはもちろんだが、標本をつくることを目的とした採集では、カミキリムシの仲間を捕まえることに熱中していた。カミキリムシは種類が多く、なかにはとても美しかったり、かっこよく見えたりする種類が含まれているからだ。一方で、思い返してみてもゴキブリを採集して標本にした記憶がない。しかし、虫ギライな高校生や大学生だけでなく、虫を好きな小学生たちも、ゴキブリの話には、よく食いついてくる。自由の森学園教員時代、ヤマトゴキブリの飼育にチャレンジしてみたが、どうやらもっとゴキブリについて知っていく必要がありそうだ。そんなふうに思う。

一日に何種類見つかるか

ゴキブリの歴史について調べてみる。ゴキブリは古い出自の虫である。ゴキブリは三億年前の石炭紀に出現したといわれるが、正確にいうと、このころのゴキブリは原ゴキブリ類とでもいうべきもので、今のゴキブリとは少し異なっている。中生代になり、原ゴキブリ類から、二つの昆虫のグループが分かれた。それが現在のゴキブリ類と、カマキリ類だ。カマキリはゴキブリの親戚筋なのである。なお、のちにゴキブリ類からはさらに別の昆虫のグループが分かれている。それが材木食に特化したシロアリだ。シロアリはゴキブリ類中の一グループであるといいなおせるほど両者の縁は近い。

原ゴキブリ類は高温多湿な石炭紀の森林の中でくらしていたのだが、現在のゴキブリもこれをしを受け継いでいる。ゴキブリは熱帯など暖かい地域で多くの種類が見られる虫である。生徒や学生たちは、ゴキブリは家の中にすんでいる「害虫」であるというイメージが強い。ゴキブリにもいろいろな種類があるというふうにも思っていない。逆にいえば、こうしたイメージが強いので、それを打ち壊すことで、あらたな視点や興味を生み出すきっかけとなりうるというのが、ゴキブリが教材たりえる点である。すなわち、ゴキブリにはいろいろな種類がいて、必ずしも家の中でくらしているものばかりではないことを、伝わる形で示す方法を探し出すのが、教材化するうえで必要となる視点だ。

日本産のゴキブリは五二種が記録されていると書いたが、見ることのできるゴキブリの種類には、地域による差がある。北海道にはもともと野外でくらすゴキブリは分布していなかったと考えられている。南の沖縄には屋外性のゴキブリの種類は多い。県内で記録されたゴキブリは四二種にのぼっている。たとえば、授業の中でこうしたゴキブリの特性を伝えるときに、もっと伝わる形に変換できないだろうかと思う。そこで思いついたのが、沖縄島で一日に何種類のゴキブリを見つけることができるかという試みだった。
沖縄在住の昆虫にくわしい友人に声をかけ、二人でゴキブリを求めて一日、沖縄島の中を走り回ることにした。那覇の家を車で出て、一度南部の里の畑周辺でゴキブリを探す。こうした人里環境の草むらに潜んでいる、ヒメツチゴキブリやミナミヒラタゴキブリといったゴキブリがいるからだ。続けて、車を二時間ほど走らせ、ヤンバルと呼ばれる沖縄島北部の森林地帯でゴキブリを探した。土中に潜んでいる体長わずか五ミリほどのホラアナゴキブリを探し、落ち葉をめくってサツマツチゴキブリを見つけ、朽ち木をくずしてリュウキュウクチキゴキブリを捕まえた。さらには夜になるのを待って、枯れ木のうろからはいでてくるダンゴムシのように体を丸めることのできるヒメマルゴキブリを待ち伏せした。最後に那覇に戻り、夜の飲み屋街でうろつくワモンゴキブリを採集して一日を終えた。結果、下記のように、一日で一八種類のゴキブリを採集することができた。この結果には、自分でも驚く。

ワモンゴキブリ
コワモンゴキブリ
ウルシゴキブリ
ウスヒラタゴキブリ

ミナミヒラタゴキブリ
アミメヒラタゴキブリ
ヒメツチゴキブリ
サツマツチゴキブリ
フタテンコバネゴキブリ
リュウキュウモリゴキブリ
ヒメチャバネゴキブリ
オキナワチャバネゴキブリ
オガサワラゴキブリ
サツマゴキブリ
マダラゴキブリ
ヒメマルゴキブリ
リュウキュウクチキゴキブリ
ホラアナゴキブリ

ゴキブリを積極的に見だしたのは、ゴキブリが授業の教材に有効ではないかと思えたからだ。

しかし、そうして見ているうちに、ゴキブリにさまざまなおもしろさが潜んでいることを、自分自身が発見していくことになる。つまり、自然をおもしろがるときに、だれかに伝えようと思うことが、自分の視点に反転するということがある。少なくとも、ゴキブリは僕にとって、一番興味深く思える虫となってしまった。

ゴキブリを追うというのは、より一般化するなら、キラワレモノに焦点をあてるということである。もう少し、キラワレモノに焦点をあてるという話を続けてみたい。

キライだけどおもしろい

沖縄に移住し、僕のかかわってきた学校というフィールドの中身が変化した。ひとつはあらたに小学校に出入りするようになったこと。もうひとつは、フリースクールにかかわるようになったことだ。

自由の森学園を退職した僕の行先が沖縄であったことの、具体的な理由のひとつは、自由の森学園の元同僚である星野人史さんが、沖縄に自分のつくりたい学校を立ち上げるというので、その手伝いをしようと思ったことにあった。そもそも、はたして個人の力で学校をつくりえるのだろうかというのが、僕の興味でもあった。

僕が沖縄に移住して一年後、星野さんは実際に学校を立ち上げる。立ち上げた学校の名は珊瑚舎スコーレだ。スクールの語源であるスコーレを校名にしたのは、「学ぶ」ということの原点に立ち戻って考えたいという星野さんの思いからである。

自由の森学園の教育理念をひとことで表すと「授業がすべて」であった。珊瑚舎スコーレのそれは、「学校をつくろう」である。「学校とは、教員も生徒も、かかわる人々でたえずつくり続ける必要がある場である」というのがその意味するところである。

珊瑚舎スコーレは小さいながらも、その中に中等部・高等部・専門部・夜間中学部が設置されている。このうち中等部には不登校などで、所属する小中学校に通うことがむずかしい生徒たちが通学している。また高等部の場合は、珊瑚舎スコーレはNPO立の学校であるため、在籍しているだけでは高卒の資格が得られないので、生徒は高卒認定の試験を受けて高卒の資格を得ている。ただし、高等部でも、認定試験突破のための勉強ばかりをしているわけではなく、珊瑚舎スコーレならではのカリキュラムを設置している。専門部というのは、高校卒業者が対象で年齢制限はない。専門部には、アジアと沖縄について学ぶカリキュラムが用意されている。僕は、中等部、高等部、専門部でそれぞれ自然講座と名づけられた授業を担当していた。その授業内容は僕に一任された。自由の森学園の授業づくりにも四苦八苦したものだが、珊瑚舎スコーレの授業づくりはさらに苦心した。なにせ生徒数が少ない学校であるから、実際の授業内容は四月になって生徒たちの顔を見て決める必要があったのだ。

珊瑚舎スコーレの授業でも、生徒たちから学んだことはいろいろとあるが、ここで、ひとつの印象的なエピソードを紹介したい。ある年の自然講座は、海の自然をテーマとして扱っていた。その日の授業内容は魚の生態であった。魚の生活史を、産卵数や死亡率から考えるという内容だ。授業中、資料として見せた絵を見たとき、アヤという生徒が顔をそむけた。理由を聞いてみると、魚の目が怖いのだという。見せたのは稚魚の、しかも線画であった。そんな重度の「魚の目嫌悪症」なるものがあるということを、初めて知った。

その後、授業では早朝の魚市場見学を試みる。アヤも参加したのだが、市場に入る手前で、「働いている人に失礼だから、キモチワルイなんていわないで」と彼女には念を押すことにした。ところがである。市場の床一面に並べられている、さまざまな魚を前にして、アヤは興味津々で見入っていたのだ。とくにアカマンボウには、ほかの生徒ともども大喜びしている。アカマンボウはアカマンボウ目に属する魚だ。アカマンボウ目と聞いて、ピンとこない人でも、有名な深海魚、リュウグウノツカイが含まれている魚の仲間だというと、「ああ」と思えるかもしれない。アカマンボウはリュウグウノツカイのように極端に細長い体はしていないが、大きな平たい体に、付け足しのような形の尾ビレがついているという、これまたユニークな形をした魚だ。赤い体に水玉模様が散っているのも奇妙である。生徒いわく、「巨大な金魚みたいな魚」

である。アカマンボウは水深二〇〇メートル以深の中深層を遊泳している魚であるため、沿岸ではその姿を見ることはない。しかし、外洋に面している沖縄では、沖合がすぐに深くなっているため、アカマンボウは漁港でよく水揚げされている魚のひとつとなっている（沖縄では、アカマンボウの肉は、マンボウの名前で市販されているが、ほんとうのマンボウは白身であるため、赤身のアカマンボウとはまったく味は異なる）。

アヤにとって、魚は根本的にキモチワルイものである。けれど、アカマンボウには、キモチワルサや「キライ」という思いを超えて、おもしろさを感じたのだ。

「おもしろさ」は「キライ」と共存できる。

これが、僕にとっては、発見だった。

僕らは、いろいろなところで、二元論に落とし込まれる。アメリカの敵か味方かとか。経済発展か否かとか。しかし、複眼的な見方というのも、ありうるのだ。

さらに興味深かったのは、興味津々でアカマンボウに見入っていたアヤが、ケータイで写真を撮って友人に送ろうとした際、画面で写真を確認した瞬間、のけぞっていたこと。

アヤが写真を確認してのけぞったのは、実物はイメージ（キモチワルイ・キライ）に勝ったが、バーチャル（写真）はイメージにかなわなかったということだろう。

ナメクジが好き

「キライであってもおもしろい」

アヤのエピソードに出会って数年後。今度は自分自身でそれを実感することになる。

珊瑚舎スコーレの専門部に自由の森学園を卒業したアズサが入学してきた。彼女は高校三年生のときに一度、珊瑚舎スコーレを見学にきたことがあり、そのときに簡単な面談をしていた。彼女が珊瑚舎スコーレに入学を希望した理由がふるっている。「沖縄にはいろいろなナメクジ(図3)がいそうだから」というのが、進学の理由だったのである。

アズサは重度の「ナメクジ愛好症」に罹患していた。高校在学中も、毎日ナメクジを入れた飼育ケースを手にして通学していたというぐらいだ。ところで、僕は骨や貝殻や甲虫などの、硬い生き物が好きである。逆にいうと、ナメクジやミミズやウジといった柔らかい体の生き物は苦手である。アズサに会うまで、ナメクジには興味がなかったし、触る気も探す気もまるでしなかった。

珊瑚舎スコーレは小さな学校だ。多いときでも、中等部・高等部あわせて十数名、専門部はせいぜい数名といった人数しか在籍していない。校則などで生徒をしばることがなく、学力だけで入学者を選抜していなかった自由の森学園で教員をしていた間、僕はじつにいろいろな生徒がいるものだということをつねに感じていた。それこそ、骨格標本を専門的に学びにドイツの専門学校に進学するミノルのような生徒もいたわけだから。ところが、沖縄に移住し珊瑚舎スコーレという、自由の森学園よりもずっと規模の小さな学校にかかわることになって、僕はさらに「いろいろな生徒がいるものだ」という思いを強くすることになった。小さな場である分だけ、それぞれの生徒につきあう必要が生じたせいであると思う。

そうした学校に、「ナメクジ愛好症」に罹患した生徒が入学してくるわけだった。自分がナメクジギライなどといっている場合ではなくなった。

それまでナメクジにまったく興味のなかった僕は、アズサの口から初めて、イボイボナメクジと呼ばれる肉食性のナメクジが存在するということを知った。

「生徒の常識から始める授業とはどんな授業か」ということを日々考えているせいで、自分自身の自然への興味も、自分の中にある常識がゆらいだ瞬間が興味の始まりになるようになった。その瞬間というのが、知っているようで、じつは知らないことに気づいた瞬間だ。イボイボナメクジの存在を知ったということは、僕がナメクジについて知らないことばかりだということに気づくきっかけを与えた。

それまで見たことはなかったが、イボイボナメクジは沖縄島にも生息しているという。調べてみると、イボイボナメクジは、一九八一年に徳島県で初めて見つかったナメクジであり、発見当初はナメクジ科の新属新種として記載された（後述するように、現在は所属が異なっている）。イボイボナメクジの記載論文によると、最初に発見された徳島での記録以後、香川、和歌山、静岡、山梨から見つかったが、「いずれの採集地でも稀産で、複数個体を得ることが困難である」と書かれている。ナメクジというのは、見たくなくても目に入る生き物といったイメージがあったわけだが、そのイメージも覆される。イボイボナメクジは、探し出すのも困難なナメクジであるらしい。

イボイボナメクジに興味を持つことで、僕は「そもそもナメクジとはなにか？」という根源的な問題にも興味を持つようになった。僕にとってこの問は「ナメクジは生物学的にいうと、どのような生き物であるか？」という問と、「生徒や学生たちにとって、ナメクジはどのような生き物として認知されているのか？」という二重の意味がある。

生徒や学生たちがナメクジをどのように思っているのかについては、前々から気になっている生徒や学生たちの認識があった。「殻からぬけだしたカタツムリがナメクジになる」と思っている生徒や学生がいるということだ（僕はこの考え方に、「ナメクジ＝ヤドカリ説」という名をつけている）。この考えに立つと、死んで殻だけのカタツムリは、「あらたにナメクジが入るとカタツムリになる」ということになる。最初に聞いたときは、かなり奇異な考え方だと驚いたのだけれど、必ずしも特異的な生徒や学生だけがこう考えているわけではなく、一定数の割合でこう考えている学生や生徒がいる。

「ナメクジ＝ヤドカリ説」はそれでも、少数派だ。アンケートをとってみると、多くの生徒や学生たちにとって、ナメクジと聞いて真っ先に思いつくのは「見つけたら塩をかける」ということであるらしい。塩をかけたら溶けるというイメージが強烈なため、ナメクジについては、これまた、ほかにあまり知らないというのが実情のようだ。ナメクジアンケートをとってみると、「どうやって増えるの？」「ナメクジはなにを食べているの？」といった多くの質問が寄せられた。けっきょくのところ、「ナメクジ＝ヤドカリ説」を信奉していようがいまいが、生徒や学生たちにとって、ナメクジは知っているようで、じつはよく知らないことのある生き物であるということになる。

もっとも、先に書いたように、これは生徒や学生ばかりの話ではない。学生たちから寄せられたナメクジについての質問には、すぐに答えられるものもあれば、僕自身、よくわからないこともあった。

カタツムリとはなにか

ナメクジとはなにかという問題を考えるにあたっては、カタツムリとはなにかという問題を同時に考える必要がある。

たとえばカタツムリ専門の図鑑がある。その表題は『原色日本陸産貝類図鑑』だ。ここで、カタツムリではなく、陸産貝類と表記されていることに注目したい。この陸産貝類のことを、専門家は略して陸貝などとも呼ぶ。なぜ、カタツムリではなく、陸貝なのか。生き物の出自をたどると、すべての生き物の祖先は海での生活者にたどり着く。貝類は軟体動物と呼ばれる生き物のグループであるが、やはり海が出身場所である。その海の貝から、やがて陸上や淡水に進出した仲間がいるということになる。昆虫の場合は、やはり海で生まれた節足動物のうちの、あるものが陸上に進出し、その単一の祖先からさまざまな種類へと分かれていった。すなわち、チョウもゴキブリも、カブトムシも陸上に上がってから分化したものといえる。ところが、貝の場合は、水中でさまざまなグループに分かれたのち、いくつかのグループが独自に陸上に進出を果たした点が昆虫とは異なっている。陸にすんでいる貝を、ひとくくりに呼びにくい（陸貝などという表記をしてしまう）のは、れきしを異にしているものたちが混じり合っているからだ。

沖縄の中南部は石灰岩地が広がっている。貝の殻をつくるにはカルシウム分を必要とするので、沖縄の中南部は屈指の陸貝産地となっている。たとえば那覇の街中にある公園で、森の中を歩き回れば、じつに数多くの貝の殻が落ちているのに気づく。石の下などには、まだ生きている貝も潜んでいる。珊瑚舎スコーレの授業で、那覇市内の公園に出かけ、いったいどのくらい陸貝が生息しているのかを調査したことがある。一平方メートルあたりに落ちている陸貝の殻（生きているものも含むが、ほとんどは死んでいるもの）を生徒たちと拾い上げた結果はつぎのようになった。

オキナワヤマタニシ　二四四個
オキナワウスカワマイマイ　四個
シュリマイマイ　四個
パンダナマイマイ　四個
アフリカマイマイ　二個

この調査結果を見て、いかに沖縄島南部に陸貝が多いかがわかるだろう。
上記の陸貝には、殻の口に蓋のあるものと、ないものの両方が含まれている。「でんでんむしむし、カタツムリ」という歌から思い浮かぶような陸貝……つまりは、これを「元祖カタツムリ」と表記しようと思うが、この元祖カタツムリは殻に蓋を持っていない（上記のうち、オキナワヤマタニシを除いた種類）。殻の口に蓋のあるヤマタニシは、元祖カタツムリとはグループが異なり、淡水にすむ蓋を持つタニシの仲間が陸上生活へ適応したものである。
分類学的にいうと、陸貝と呼ばれる貝にはつぎのような諸グループがある。

始祖腹足亜綱
　アマオブネガイ目
　ヤマキサゴ上科　ヤマキサゴ科など
　ゴマオカタニシ上科　ゴマオカタニシ科
新生腹足類
　原始紐舌目
　ヤマタニシ上科　ヤマタニシ科・ゴマガイ科など
タマキビ型新生腹足目
　リソツボ上科　カワザンショウ科・クビキレガイ科
有肺類
　収眼目
　アシヒダナメクジ上科　ホソアシヒダナメクジ科・アシヒダナメクジ科
柄眼目

元祖カタツムリの仲間。さまざまな科が含まれ、ナメクジ科もここに属する。
（日本には見られない陸貝には、ここにあげた以外のグループに属するものもある）

このように、陸貝は、さまざまな出自があるわけだ。

一方で、あえて陸にすむ殻のある貝をひっくるめてカタツムリと呼ぶという定義が用いられる場合もある。僕も、この定義を使いたいと思う。さまざまなれきしを異にするものたちが混じり合ったものであるという認識をふまえたうえで、陸にすんでいる殻のある貝はすべてカタツムリと呼んでかまわないということである。また、この定義に準じて、「陸にすむ貝で、殻のないものをナメクジという」というふうにもいうことができる。

以上の定義をいいなおすと、カタツムリというのは、れきしを反映した名称ではなく、「陸上でくらしている貝」というくらしを反映した名称であるといえる。さらに、陸上でくらしている貝のうち、殻を退化させたものがナメクジであるというふうにいうこともできる。

では、なぜ、カタツムリがナメクジになるのか。

カタツムリには殻があるわけだが、その殻をつくるのには原料となるカルシウム分や、殻をつくるためのエネルギーが必要となる。つまり殻をなくすのはそれだけ省エネになり、その分、成長を早くすることができるわけだ。また、殻をなくすことで、すばやく動けるようになったり、狭い隙間に潜り込んだりすることができるようになるという利点も考えられる。もちろん、殻をなくすことによるデメリットもある。敵から身を守るすべを失うことになるし、乾燥状態をやり過ごすのも、カタツムリよりはむずかしくなる。

殻をなくすことの利点と欠点の両方があるわけだが、実際には元祖カタツムリのさまざまなグループから、独自にナメクジが誕生している（たとえばナメクジ科の貝以外に、ベッコウマイマイ科と呼ばれる殻のあるカタツムリの中にも、ヒラコウラベッコウというほとんど殻の退化しているナメクジ状の貝がいる）。ナメクジというのは、カタツムリがナメクジ化したものであり、これまた、くらしを反映しているものである。

興味を持って調べ始めるまで知らなかったことであるが、ナメクジは思っていた以上に多様だ。アズサにその名を教えられた肉食ナメクジであるイボイボナメクジの仲間は、上記の分類表ではホソアシヒダナメクジ科に属している。つまり有肺類のカタツムリ（元祖カタツムリ）がナメクジ化したものではなく、カタツムリとは別に、海辺ですでに殻をなくした貝の仲間（干潟で見かけるイソアワモチなどの仲間）が元祖カタツムリの系統とは別に、上陸を果たしたものだと考えられている。

イボイボナメクジは、普段は森の中の石の裏などに潜んでいる。そのため、その気になって探し始めるまでは、まるで存在に気がつかない。一方で、この仲間は、琉球列島でも島ごとに種類の異なる複数種が生息していて、イボイボナメクジを見るだけでも、生き物の世界の多様性を垣間見ることができる。

今でも、ナメクジが好きかと聞かれると、触りたくないと思うのが正直なところだ。それでも、ナメクジもおもしろいと思えるようになってしまった。自分自身を省みると、「好きにならなければならない」と思うとつらいが、「キライであってもおもしろい」と思ってかまわないということであるなら、キライなものとのつきあいも、気楽に考えられるように思う。

ゴキブリにせよ、ナメクジにせよ、キラワレモノだ。生徒たちとやりとりをしているうちに、こうしたキラワレモノに焦点をあてざるをえなくなった。そして焦点をあててみると、キラワレモノと思われてしまう生き物たちにも、それぞれに興味深い点があることが見えてくる。学校というのは他者が存在する場だ。だからこそ、自分だけでは気づくことのできなかった自然に気づくきっかけに出会えることがある。そんなふうに思う。

街の虫を追う

沖縄に移住後、もうひとつ、あらたなフィールドに通うことになった。それが、大学である。大学に勤務することになったのは、沖縄に移住して八年目のこと。勤務先となったのは、那覇市内にある私立・沖縄大学だった。沖縄大学に、あらたに小学校の教員養成課程の学科が立ち上がることになったため、理科教育担当として採用されたのだ。初めて小学校での授業をしたときもそうだったが、大学の教員になるということに関しても不安は大きかった。

大学の教員生活を始めてしばらくして、なるほどと思う。基本的に理科には特別な興味はなく、まして虫なんて大キライ……簡単にいうと、これが小学校の教員養成課程の学生像の一端だったのである。そんな学生たちに、「理科も悪くない」「虫はキライだけど、おもしろいこともある」というふうに思ってもらいたいと思う。

たとえば、大学では昆虫観察・採集をテーマとした選択授業を開講している。そして僕の思いのとおりにか、虫ギライの学生も受講してくれるのがありがたい。それこそ、「キライでもおもしろい」と思ってほしいと願う僕でさえ「?」と思うほどの、歴代学生で一番の虫ギライの女子学生も、なぜかこの授業を受講してくれた。

ただ、やりとりを交わしてみると、虫をそこまでキライとはいわない学生よりも、この学生とは話題にことかくことがなかった。彼女は虫に対する悪口はいくらでもわいて出るからだ。僕は虫のことが好きなわけだから、彼女との間では、虫のことを話題にすると、結果として、話がはずんでしまうことにあいなった。

彼女の言い分を書きとどめてみる。いわく「カマキリは目が出すぎ」とか「毛虫は触るとすべてかぶれる」等々。虫に対して過剰なマイナスイメージを持っているというのが総体的な印象だった。ためしに一般的には好印象を持たれがちなホタルについて意見を聞いたところ、「裏返したらゴキブリに見えるからイヤ」とにべもなかった。もちろんゴキブリは大キライなわけだけれど、ほかのあまたの虫も「ゴキブリに似ている」ということで一刀両断にされた。

こんな悪口がひとしきり続いたのだが、彼女はふと、「テントウムシはカワイイ」というひとことを発した。過剰ともいえるほどの虫ギライの学生が、テントウムシにだけは好印象を持っているというのがひどく印象的で、以後、学生たちのテントウムシについてのイメージをさぐるきっかけとなった。一般の学生もゴキブリについてはかなりのマイナスイメージを持っているのだが、その裏返しのように、テントウムシについてはやや過剰なプラスイメージが持たれているというのが僕の鑑定結果となった。プラスにせよマイナスにせよ、過剰というのは「知っているようで知らないこと」を含んでいるということにほかならない。虫ギライの学生たちとやりとりをするようになったおかげで、僕はまたひとつ、あらたな追究テーマ……「テントウムシのイメージと実体のギャップをさぐる」……を持つことになった。

テントウムシを追いかけ出すと、ほかの虫を追いかけることに比べて利点があることに気がついた。それはテントウムシが街中でも見ることができるという点だ。僕の勤務している大学は、緑地のほとんどない那覇市内の街中に位置し、しかも敷地が狭いために構内にもほとんど緑はない。それでもダンダラテントウやキイロテントウ、ヒメカメノコテントウといったテントウムシの姿を見る。那覇市内唯一のまとまった緑地といえる公園に出かけてみると、さらにクリサキテントウ、ハイイロテントウ、ダイダイテントウ、カタボシテントウ、アマミアカホシテントウといった種類も見ることができる。なかには、僕が今のところ大学近隣のY公園でしか見たことがないというチュウジョウテントウなどというテントウムシさえいる。大学の専任教員というのは、思ったほど自由ではない。そこで、毎日の通勤路や、大学構内でも見ることのできる自然は貴重な存在だ。

そうした都市化された自然への興味という点で、テントウムシ以外にもガやチョウの幼虫であるイモムシにも初めて興味を持つことになった。

僕は虫好きであるわけだが、そんな僕にも苦手な虫がいる。ナメクジなどの柔らかな生き物は苦手であるという話を書いたが、同じ理由で、イモムシも苦手な存在であったのだ。ところが、あるきっかけから、イモムシに興味を持つ。とくに興味を持ったのは、スズメガの仲間のイモムシである。

那覇の街中でもエビガラスズメ、キョウチクトウスズメ、クロメンガタスズメ、キイロスズメ、セスジスズメ、シタベニセスジスズメ、シモフリスズメ、コシタベニスズメ（マメシタベニスズメかもしれない）、オオスカシバ、ホシホウジャク、オキナワクロホウジャク、イチモンジホウジャクといったスズメガの仲間の幼虫を見つけることができる。

スズメガは大型のガの仲間であり、体は太く、飛翔力にすぐれていることから、種類によっては、遠くまで渡りをするものがあることが知られている。また、スズメガの幼虫は、成熟すると人間の指のように太短く、お尻に角状の突起をつけている特徴的な姿をしている。

僕の住む那覇の街中は緑地と呼べるものがほとんどないのだけれど、道端の雑草や植木などに注意を払うと、イモムシたちがいつのまにか「わいて」いるのに気づくことがある。たとえば沖縄では、道端にマダガスカル原産のキョウチクトウ科の草本、ニチニチソウが雑草化している。ふと気づくと、そのニチニチソウにイモムシが「わいて」いるのに気づくことがあったりするわけである。これは、キョウチクトウスズメの幼虫だ。

キョウチクトウスズメの成虫は、緑を基本とした迷彩柄の模様を持った美しいガである。幼虫は黄緑色で、胸のあたりに青い眼状紋があり、これまた見様によっては美しいともいえるし、キライな人にとってはたまらないともいえる、かなり存在感のあるイモムシだ。キョウチクトウスズメの幼虫はニチニチソウに発生していても、小さいうちは葉にまぎれてなかなか気づかない。大型の終齢幼虫になって、発生したニチニチソウの葉が坊主状態になったり、ニチニチソウの下に大量の糞が散乱するようになったりして、初めて発生に気づくことも少なくない。

通勤途中に見かけるキョウチクトウスズメの幼虫の発生をたんねんにメモしていくと、年明けのころから初夏にかけて、一時的にキョウチクトウスズメの発生が見られなくなる時期があることに気づいた。一方で、キョウチクトウスズメの幼虫を飼育し、蛹化させたものを観察すると、冬期であってもサナギは休眠をせず、一定期間後に羽化してしまうことが観察できた。こうしたことから、南国、沖縄でもキョウチクトウスズメは定着をしているわけではなく、南方から飛来し、一時的に発生を繰り返したのち、発生個体がどこかへ移動をする……ということを毎年繰り返しているらしいことがわかった。

博物学の伝統のあるイギリスでは、本来イギリスには生息していないが、渡ってくるスズメガについての詳細な記録がとり続けられている。やや古いが一九五五年までの七五年の間にイギリス（全土）に飛来し記録されたキョウチクトウスズメは一〇〇例で、最高は一九五三年の一三例。また七五年間のうち飛来の記録がなかった年がおよそ半分ある……とある。

僕たちは、都市には自然が「なく」、山に行けば自然が「ある」と思う。ここにも、ひとつの二元論がある。しかし、イモムシを見ているうちに、自然というのは、揺れ動くものというふうに思えてくる。都市でくらすという定点の中にあっても、それと知れず、虫たちが渡ってきて、一時的に発生を繰り返す。そんなことがある。イモムシを観察していく中で、自然はどこにあるのか……あらためて、そんなことを考える。

キラワレモノから見えてくることはいろいろとある。

第4章

身近な自然をさぐる

キダチトウガラシ
（沖縄産シマトウガラシ）

野菜は毒

生徒たちの常識に迫る目的で、身近な自然とはなにかをさぐるというのが、僕の追いかけ続けているテーマである。

身近にあれば気づいて当然ということではない。自分とは異なった感性……平たくいえば、好みの違い……を持っている人のおかげで、それまでとまったく違った視点から、身近な自然に気づくようになったということは、ままある。こうしたきっかけを与えてくれるのは、学校をおもなフィールドとしている僕の場合は、生徒が多いのだが、必ずしも、生徒ばかりに限った話でもない。

ここで紹介する、ひとつの視点を与えてくれたのは、生き物屋の中でもヘビに一番興味を持っているというヘビ屋の友人だった。彼はヘビの中でも毒蛇に興味を持ち、毒蛇の中でも扱いにくく、毒も強いような毒蛇こそ、一番お気に入りの生き物となっている。その彼は、これまたたいへんな野菜ギライであった。僕は野菜が好物なので、最初は野菜がキライという感覚はよくわからないなというだけの思いしかなかった。

しかし、よくよく話を聞くと、彼の野菜ギライは尋常ではなかった。彼は野菜に対して、尽きぬことのない悪口をいうことができる。

「キュウリはデンジャラス」

「キャベツはケミカルな味がする」

「トマトは人類の失敗作」

こんなぐあいである。

ここまで自分と異なった感性を持っていると、彼の言い分にも理があるのではと思えてしまう。彼の言い分をよくよく考えてみるうちに、野菜も植物であるというあたりまえのことに気がついた。植物は自ら動くことができない。そのため被食を免れるための工夫が必要となる。被食を免れるには、大きく二つの方法がある。物理的防御と化学的防御である。物理的防御というのは、植物体を硬くすることで被食を免れるという方法だ。身のまわりを見渡せば、緑に繁る木々が目に入るだろう。木の幹も葉も、こうした物理的防御で身を包んでいるからこそ、その姿を保っていられる。しかし、草のように短命な植物の場合、物理的防御方法を選択するのは賢明ではない。そこで今度は化学的な防御方法が選ばれる。つまり、毒だ。両方の防御方法をあわせ持てば完璧だろうが、コストがかかりすぎるのでどちらかの方法が選ばれるのが一般的だ。野菜というのは、食用になるほど柔らかいわけだから、選択されている方法は、毒成分を持つという方法であるといえる。

野菜ギライの人が野菜をキライなのは、野菜の持つ毒成分に敏感なためではないかというふうに僕には思えてきたのである。

ではなぜ、僕も含めた一般の人は野菜を食べることができるのだろう。

植物の毒は万能ではない。虫に対しては有毒であるが、人間には効かない毒というのがありうる。たとえばミカン特有のニオイは、ミカンの持つ特有の成分であるシトラールによるが、これは多くの虫にとって忌避される成分だ。ただし、虫の中にはこの成分を克服したスペシャリストもいて、そうした虫がアゲハチョウなわけである。同じくモンシロチョウが食草としているキャベツはカラシ油配糖体という毒成分を含んでいる。モンシロチョウの幼虫は喜んでキャベツを摂食するが、これはほかの虫からしたらとんでもない話なわけだ。ただ、これらの毒は人間には効かない。

また、人間は動物としては大型の部類に入る。そのため、少量の毒は効かないので、食べることができているという場合もある。さらに品種改良や調理の過程で、毒成分を弱めることで食用となっている場合もある。

いずれにせよ、野菜ギライの友人のおかげで、僕は野菜も植物であるという視点に立つことができた。その視点に立つと、食卓の野菜が、もともとはどんなところに生えていた野生植物であったのかといったことが気になりだす。

那覇の街中で過ごす中学生が、身近で見かける生き物は「イヌ、ネコ、ハト、ゴキブリ、草」

といったという話を紹介した。このやりとりを経て、なんとか僕は身近な植物に目を向けるきっかけとなる教材を見つけ出せないかと考え始めた。自然を気にしなくても生きていくことの可能な現代社会において、もっとも身近な植物は、食卓にあがる野菜ではなかろうか。

夜間中学校の授業

野菜を教材として使う意味とはなにか。このことを考えるために、夜間中学校の授業での印象的なやりとりを紹介しようと思う。

珊瑚舎スコーレには夜間中学部が設置されている。沖縄島は激烈な地上戦が行われ焦土と化した歴史がある。そのため、戦中戦後の混乱期、満足に義務教育を送ることができなかった人々が少なからずいる。珊瑚舎スコーレ夜間中学に通ってくるのは、平均年齢七〇を超えるそうした方々だ。珊瑚舎スコーレの事務局では、夜間中学の生徒たちから、夜間中学にくるに至った経過についての聞き取りを行っている。その記録を引用すると、たとえば「小学校は入学どころか校門をくぐったこともありません」といった話や、「父は病死といっていますが、戦争中に爆風で飛ばされ一週間意識不明になり、意識は戻ったものの戦後すぐに亡くなりました。私は七歳でした……」といった話など、さまざまな苦難の歴史が語られている。僕は珊瑚舎スコーレの夜間中学でも、何年間か、理科の授業を担当させてもらっていた。これほどの苦難にあった方々のはずなのに、夜間中学の生徒たちは、授業の中では屈託がなく、明るくふるまう。

夜間中学の理科の授業では、生物だけでなく、化学分野も扱った。ただ、小学校一年生から学校に通った経験のない生徒も混じっている。そうした生徒に、たとえばいきなり原子・分子といった用語を押しつけてもあまり意味はない。具体物に依拠し、夜間中学の生徒の豊富な生活体験と結びつくような授業を考える必要があった。

ある日、金属の三大性質（金属光沢、展延性、通電性）についての授業をしていた。一〇円玉を生徒一人一人に手渡して、磨き粉で磨く。金属は磨くと光る……ということを、簡単な実験で確認してもらうことから授業を始めた。つぎは一円玉、五円玉、一〇円玉、一〇〇円玉、五〇〇円玉の中で、電気を通すのは、どれかという実験の予想。実際に通電試験をしてみて、すべての金属は電気を通すことを確認する。最後に、金属には展延性があることを、金床の上に載せた金属片をハンマーでたたいてみてもらったときのこと。

「ああ」

一人の生徒が、そういったあとで、自己の体験談を語り始めた。

「私が捕虜収容所にいたころ」という話だ。子ども時代、収容された捕虜収容所でマラリアがはやった。マラリアは高熱が出て、震えが止まらないという症状が出る。そのため布団がほしいが布団はない。では、布団をつくろうと思うが今度は、針がない。そこで、アメリカ軍支給のコンビーフの缶を開ける金具にスリットが入っていたので、その金具をたたいてのばして、研いで針にして、セメント袋を閉じている糸をとって、それを使って、小麦粉の入っている袋をぬって布団にしたよ……という話であった。

こうしたやりとりは、ほかの授業の中でもしばしばあった。夜間中学の生徒たちは、学校に通った経験は欠如している。しかし、社会の中でのさまざまな体験を積んだ人々だ。そのため、理科の授業を受けると、「ああ」という声をあげるのである。「あの体験は、そういうことであったのか」と。僕は、夜間中学でのこのやりとりから、「これが、本来の理科の授業であるのではないか」と思うようになった。授業を受けて、その内容が生徒の中のなにものかに結びついたとき、生徒は「ああ」という声をあげる。しかし、その内容がただ、通り過ぎたときには、「へぇー」という声になってしまう。振り返ってみると、僕の授業はまだまだ、「へぇー」といわせてしまう授業が多い（「へぇー」という声さえもあげてもらえず、睡魔に襲わせてしまうことも少なくない）。夜間中学の生徒に比べ、現代っ子である生徒や学生は圧倒的に生活体験や自然体験が不足している。その分、「ああ」とはいいにくい状況がある。むろんこれは生徒や学生に非があるわけではなく、社会が彼ら・彼女らからそれらの体験を奪った結果だ。

ただし、生活体験や自然体験が不足している生徒や学生たちでも、それらがまったくゼロであるわけではない。彼ら・彼女らのわずかな体験をすくいあげ、それを広げることのできる授業というのが必要とされる。そのように考えたとき、たとえば野菜なら、現代っ子たちにも「ああ」といいやすい要素があるのではないだろうかと思うわけである。

そして、野菜を教材化してみると、生活体験が豊富である夜間中学生への授業でも野菜の授業は好評だった。

野菜の授業

夜間中学の授業。

冒頭で、「昔は見かけなかった野菜にどんなものがあるか」を聞いてみた。

「モロヘイヤ、ブロッコリー、オクラ、レタス……」といった野菜の名があがる。

「ピーマンもなかったですよ。あれはトウガラシの大きくなったやつかねぇと思うけど」

そんな意見が出るので、「ピーマンはトウガラシと同じ種類の植物です」と説明をしたら、生徒たちは驚く。野菜も「知っているようで、じつは知らない」要素がいろいろとあるものであるわけだ。

野菜は元をたどれば野生植物にたどり着く。トウガラシはアメリカ大陸原産の栽培植物で、インゲンマメなどとともに、アメリカ大陸ではもっとも古くから利用、栽培されていた植物といわれている。遺跡の調査からは、紀元前八〇〇〇〜七五〇〇年前にまで、トウガラシの栽培利用の歴史はさかのぼるという。推定では、タカノツメなど、日本で一般に利用されているトウガラシの祖先はメキシコ〜中央アメリカが原産とされている。学名でいうと、カプシクム・アンヌームという植物がこれにあたる。一方、カプシクム・フルテスケンスという別の学名を持つ野生植物がコロンビア〜アンデスに分布し、この野生種からは、別個に栽培トウガラシがつくりだされている。このカプシクム・フルテスケンスを祖先とする〝トウガラシ〟が辛味調味料に使われるタバスコや、沖縄でよく利用されているシマトウガラシである。

　トウガラシ（カプシクム・アンヌーム）は、コロンブスの新大陸到着後、ヨーロッパにもたらされ、日本に一六世紀ごろに持ち込まれたといわれている。日本名は見てわかるように「唐の辛子」なわけで、舶来ものであったという歴史を反映している。同じく、沖縄では4章扉シマトウガラシ（カプシクム・フルテスケンス）をコーレーグースーと呼んでいるが、これは「高麗（朝鮮）の胡椒」の意味になる。これまた舶来由来を表している名である。それでは、ピーマンはなにかというと、フランス語でトウガラシを意味するピマンがなまったものであるという。トウガラシ（カプシクム・アンヌーム）の辛味成分をつくらないものを選び出した品種がピーマンなわけだ。ピーマンはアメリカで作出され、日本には明治以降に持ち込まれた。

では、外来の作物はいろいろあるとして、沖縄や日本本土原産の野菜というものはあるのだろうか。

続いて、こんな問題を考えてもらった。

「ゴーヤー、ウンチェー（エンサイ）、ゴボウ、ナーベーラー（ヘチマ）」の名があがる。が、これらの野菜も、すべて外来のものだ。ナーベーラーはアフリカが原産である。これを聞いて、夜間中学の生徒たちは、「ええっ？」という顔をしていた。ゴボウも中国大陸原産なのだが、おもしろいことに野菜として利用しているのは朝鮮半島に住まう人々と日本列島の人々ぐらいだ。これまた、「えーっ」という声があがる。このように、身近な野菜は、ほとんどが外国出身なのである。

「昔はタマナをお祝いで配ったりするときのためにわざわざつくっていました。タマナはどこからきたのですか？」

そんな質問が出た。タマナというのはキャベツのことだ。キャベツも明治期になって日本に渡来した。その際、つけられた名前がタマナである。本土ではすっかりすたれてしまったこの名が、沖縄ではまだ使われている。このキャベツの祖先は地中海沿岸の海岸植物だった。

なぜ、日本原産の野菜が少ないのか。この問題から、そもそも、野菜とはなにか（野菜の定義は食用として栽培される草のことである）、ひいては、草と木はどう違うか、さらに自然状態で森にならず、草が生えているのはどんなところか……といったふうに話を展開し、太古、森の広がっていた日本列島では野菜の原種となるような草があまり生える環境がなかったという話へとつなげていった。この授業は、野菜を教材として扱うことで、やりとりの多い授業になった。夜間中学にせよ、一般の中高生にせよ、豊かな生活体験がともなっているものを教材に扱うと、やはり豊富なやりとりが生まれる。

野菜の教材化の発展で、果物にも興味を持つ。きっかけはこれまた野菜ギライの友人とのやりとりだった。彼に「野菜はキライだっていうけれど、果物はどうなの?」と聞いてみた。すると、「果物は食べてくださいっていっている気がする」といって、むしろ好んで食べるという答えが返ってきたのである。

これも考えてみれば、そのとおりである。果物は、種子を散布するために、散布者をおびきよせるべく、おいしいのだ。果物は植物の体の一部ではあるが、生き物としては例外的に「食べられたがっている」という奇異な存在だ。こうしたことに気づくと、野菜と同様、野生植物だったころのことが気になりだす。つまり、自分が手にしている果物は、野生状態のときに、「いったい、だれに食べられていたのか?」ということだ。たとえばアボカドのような巨大な種子を持ち、熟しても果皮がまったくめだたないような果実は、いったい、だれをめあてとして生まれ出たものなのだろう。

アボカドは中米原産である。氷河期にモンゴロイドが北米に移住する以前、南北アメリカ大陸には、マンモスや巨大な地上性ナマケモノといった巨大獣（メガファウナと呼ぶ）が生息していた。植物の中には、種子散布をそのようなメガファウナに依存していたものがあったのではないかと考えられている。アボカドは、絶滅してしまった巨大な地上性ナマケモノが散布者だったのではという仮説がある。

先のトウガラシも種子散布の面から見てみると興味深い。トウガラシの実は熟すと赤くなる（ピーマンも熟すと赤くなる）。さらに野生のトウガラシの実は小さく、上向きに実る。これらはすべて散布者へのアピールだ。一方、トウガラシに含まれる辛味成分は、実を食べられないための工夫ではないか？……とも考えられる。いったい、トウガラシは「食べられたい」のだろうか、それとも「食べられたくない」のだろうか？

トウガラシの散布者は鳥である。歯のない鳥は口に入る実なら丸のみをする。これなら辛味のあるなしは関係ない。ではなぜトウガラシは辛いのか。これは、カメムシが実の汁を吸うために孔をあけると、そこから菌が入り込み種子をだめにしてしまうので、抗菌作用として辛味成分が役立っているという研究結果が発表されている。

このようにして見ていくと、身近な野菜や果物の持っている特徴の成り立ちは、野生植物として、くらしやれきしとのかかわりの中から培われたものであることに行き着く。

生き物には、必ずくらしとれきしがかかわっている。そのことを、野菜を教材にして伝えたいと思う。

雑草とはなにか

何度も引き合いに出しているが、那覇の中学生が身近に見かける生き物を「イヌ、ネコ、ハト、ゴキブリ、草」と表現したことは印象的だ。

とくに「草」だ。草などという名前の植物はない。どんなに都会だろうが、道端や街路樹の下の植えますには雑草の仲間が生えている。しかし、それらは個々の植物としては認知されず、「草」と表現されてしまうものである。そうした現状にあって、もっと植物に興味を持つきっかけをつくれないかと思い、「野菜や果物も植物である」という見方で身近な自然の問いなおしをすることを考えた。

しかし、しばらくしてまた気づく。

「草」などという植物はないわけであるが、たとえば自分も雑草は雑草としてひとくくりに認識しているのではないだろうかと。もちろん、理科教員たる自分は、生徒や学生たちよりも植物の名前は知っている。しかし、道端に生えている雑草のひとつひとつを認識しているだろうかと問いなおしてみると、そんなことはないという答えが頭の中に浮かんだ。雑草は、僕にとっても、気にしない存在だった。

このことに気づいて、雑草に目を向けるにはどうしたらいいかと考えた。雑草に目を向けることがないのは、「無縁」だからだ。すべての雑草の名前を知る必要があるとは思わないが、道端の自然に目を向けるようになるきっかけを探せないかと考えたのである。

そもそもと、ここでも思う。

雑草とはなんだろうかと。

調べてみると、本によって、雑草の定義が異なっていた。ここで、知っているつもりで、じつはよく知らないことの存在に気づくことができた。そもそも雑草の定義自体、よく知らないということだ。

あれこれと調べているうちに、ひとつの仮説が提唱されていることを知る。それは、「すべての作物は野生植物から雑草を経て作物となった」という仮説である。（図4）

人間が定住生活を始めると、周囲の環境は人為によって変化をし始める。生い茂っていた木々は切り払われ、そこにオープンスペースができる。また、人々の排泄物や人々の出したゴミが土壌内の窒素分を豊富にする。このような環境に呼応して、人間の生活圏内にすみつくようになった植物たちがいる。それらの植物の中で、人々の役に立たず、勝手に生えているものが雑草だ。一方で、そうした雑草の中で、人々の目にとまり、人々の管理下で生育することになったのが作物である。

このような仮説である。

この仮説を知るまでは、人間は野生植物の中から有用なものを選び出し、居住地の周囲に植えるようになったのが作物の始まりではないかと漠然と考えていた。しかし、人間のつくりだした環境でうまく生育できないものは、選抜されたとしても、作物になりえない。人間のつくりだした環境に呼応した植物の中から有用そうなものを選抜した場合は、その点、問題はない。これには目からうろこが落ちる思いがした。

「すべての作物はかつて雑草だった」という仮説に立つと、道端の雑草観察ががぜんおもしろくなる。道端の雑草の中から、作物の親戚……作物の祖先や、作物と近縁の植物や、作物から零れ落ちた植物……を探し出すという視点が得られるからである。

穀物と呼ばれるイネ科の作物の親戚も道端で探し出すことができる。たとえばその代表がネコジャラシという俗称で知られるエノコログサである。エノコログサは雑穀のひとつであるアワの祖先なのだ。

雑草が見える

夜間中学で、エノコログサとアワについての授業をする。

授業の中でエノコログサを見せ、「道脇に生えていたりするのを見かけたことはありますか？」と聞いてみた。

「マヤージュと呼んでいました」

沖縄島の本部半島から橋でつながっている瀬底島出身の生徒がいう。ネコの尻尾という意味だそう。このエノコログサからつくられた作物がアワですと、アワも見せた。すると、夜間中学の生徒たちは驚いている。人間が作物を栽培し始めてから一万年が経つ。地球の歴史から比べれば微々たる時間だが、ヒトの一生から比べるときわめて長い。だから一万年の間に起こった、野生植物から作物への変化は、なかなか実感が持ちにくいものなのだ。

「うちの島でもアワやムギをつくっていましたよ」と瀬底島出身の生徒が続けて発言をしてくれた。瀬底島は平たく、川のない島だ。田んぼではなく、畑作が耕作の中心だったのである。

「ムギの茎は、水を吸うときのストロー代わりにしましたよ」

昔は、森や川のない、隆起サンゴ礁からなる島では水は貴重品だった。わずかにたまったたまり水から、ムギの稈を使って水を吸っていましたと、これも平らな島である粟国島出身の生徒がいう。夜間中学の授業は、こうして、しばしば豊かな体験談のやりとりが間に挟まる。

では、アワとエノコログサの違いはなんだろうか。

「穂が太くなった」

「穂の頭が垂れた」

そんな意見が出される。ほかにもノギが短くなったという変化もある。ノギは鳥に穀粒を食べられないための形であるわけだが、人間が鳥を追い払う栽培下においては、ノギは不要だ。さらに、目で見るだけではなかなか気づかないが、栽培化されることで変化した特徴に、脱粒性の欠如があげられる。野生においては、熟した穀粒は穂からすばやく落下したほうがよい。しかし、栽培下においては、収穫時に脱粒しないという特徴はたいへん重要だ。ただし、脱粒性を失った作物は、自力では子孫を残せないということになる。

「そういう変化はなんというのですか？　進化？」

なかなか鋭い質問も飛び出した。人為による野生植物の栽培化は、進化とは呼ばない。が、動植物の栽培化（ドメスティケーション）は人間の歴史の中で非常に重要な意味を持っている。身近にあるエノコログサを作物のアワと比較することで、そうした栽培化の例を見て取ることができる。

アワとエノコログサを比較する授業自体は、沖縄移住以前、すでに、自由の森学園でも行っていた。そして、自由の森学園時代、アワとエノコログサが同一であることを実感するために、エノコログサを食べてみることはできないかと考えた。

数年間にわたる試行錯誤を重ねた結果、エノコログサを食べる方法を見つけることができた。熟したエノコログサの穂に手で触れると、ぱらぱらと粒が落ちる。これはイネの籾にあたるものだ。ご飯を炊くときには籾殻をはずし、玄米や白米にするように、エノコログサでご飯を炊くときも、収穫した粒の外側の籾殻にあたる部分をはずさなければならない。当初、僕が突きあたった困難は、この籾殻をはずす方法を見つけることだった。試行錯誤の結果、見つけ出した方法は、すり鉢を使って、エノコログサの籾をする……というしごく単純な方法である。強すぎると、籾の中の食用部が粉々になってしまう。弱すぎると、籾殻がはずれない。ほどよくすり鉢をすったところで外に出て、すり鉢に息を吹きかけると、はずれた籾殻だけがすり鉢の外へ飛んでいくという塩梅だ（これも強く吹きすぎず、弱く吹きすぎずという加減がむずかしいし、すって吹いてという工程を何度も繰り返す必要がある）。すりあがった粉を鍋に移して水を入れて炊けばエノコログサのご飯のできあがりである（水を多めにしないとこげつくので、ご飯というよりもお粥に近いかんじのできあがりになる）。

イネ科は世界に約九五〇〇種ある。イネ科には、イネ、コムギ、トウモロコシといった主要な穀物に加え、アワやキビ、ヒエといった雑穀と呼ばれるそのほかの穀物がまだいろいろとある。つまり、これら各種の穀物と関連した野生植物が、どこかに生えているということになる。身近な雑草に穀物の祖先をさぐると、エノコログサ以外では、ヒエの野生種とされるイヌビエが目にとまりやすい。イヌビエは稲作にとっては厄介な雑草（それこそ雑草の王と称されるほど）であるが、田んぼだけでなく、畑地でも都市部の路傍でも見ることができる、きわめて普通の雑草だ。イヌビエはヒエの祖先にあたるわけだから、当然、食べることができる。イヌビエを食用として大量に収穫するのなら、休耕田や稲刈り後の田んぼに行ってみるといいだろう。実際に試してみると、イヌビエもまた、エノコログサ同様の方法でご飯（実際はやはりお粥状のもの）をつくって食べることができた。キンエノコロやスズメノコビエといった身近に見かける雑草も、ごくローカルな穀物として、一部地域（インドの一部）で利用されている。

「作物とのかかわりをさぐる」……たとえば、そんな視点に立つことで、道端の雑草も初めて「見えて」くるようになる。自然はいつも、「そこ」にあるものなのだが、普段はそれと気づかないものなのだ。

狩猟採集民のくらし

野菜や雑草へ焦点をあてていると、人間の歴史そのものにも、興味が出てくる。たとえば、作物をつくりだす以前の人間はどんなくらしをしていたのか。

農耕以前、人間は狩猟採集と呼ばれるくらしをしていた。それは「知っている」。しかし、狩猟採集生活の中身をほんとうに「知っている」といえるのか。そう、自分に問いなおしてみる。

狩猟採集時代、人々の主食がなにであったかは、その人々がくらしていた土地によって異なるだろう。過去をさかのぼれば、すべての人間が狩猟採集生活を行ってきた。それどころか、農耕の歴史は一万年前からであるわけだから、人間の歴史の九九パーセント以上は狩猟採集生活を送っていたともいわれている。しかし、今の僕らにとって、狩猟採集民のくらしというものは、遠い遠い、過去の物語のように思えてしまう。

狩猟採集民の生活といったことになると、生物学の範囲を超えて人類学や民族学の範囲に含まれるものだろう。

自由の森学園の解剖団の活動がピークを迎えたミノルやマキコの同期に、ミカコがいる。在学中から、動物に強い興味を持っていた彼女は高校卒業後、大学に進学し、生物学を学んだ。卒論のテーマはノウサギの生態であった。しかし、大学院進学後は、専攻を人類学に変え、やがて人類学者となった（現在は大学の教員をしている）。動物のことに興味を持つうち、動物とかかわっている人々のくらしに興味が移り、結果、狩猟民についての研究を始めるようになったのだ。

ミカコのフィールドはカナダである。調査対象となっているカスカの人々は伝統的には、世界でももっとも狩猟に頼ってくらしてきた人々という。その獲物はヘラジカを主としてカリブーやノウサギ、ビーバーなど多岐にわたる。カスカの人がもっとも好む肉はヘラジカの肉だが、ミカコによると、毛皮をとることがおもな目的のビーバーも、その肉が利用されるのだという。彼女の本の中にはその味が「脂が乗り、私が食べた肉のなかでもっとも強い香がする肉であった」と紹介されている。ビーバーの肉は、どちらかというと、カスカの人々の中でも若者は好まず、老人が好んでその肉を口にするというのである。世の趨勢は、この地でも変わらない。伝統的なカスカのくらしは、急速に老人たちだけのものになりつつある。カスカではビーバーを特徴づける平たく大きな尾も食用とされる。ビーバーの尾は「インディアン・デリカシー(珍味)」と呼ばれていて、肉と脂が入り混じった不思議な食感であるという。ちなみにミカコを通じて、僕はビーバーの頭骨と尾を手に入れることができ、授業の中で活用させてもらっている。

カスカの人々がもっとも狩猟に頼った民族のひとつ(だった)といわれるのは、彼らのくらす地が極圏近くの亜北極針葉樹林帯に位置し(ミカコの本によると、年平均気温がマイナス二・六度、観測史上の最低気温はマイナス五八度)、キイチゴ類の実や春先の山菜の利用などはあるものの、年間を通してエネルギー源の主要部分を補うことができるような植物利用が困難であるからだ。狩猟採集生活、または狩猟採集民という呼称から受けるイメージとは裏腹に、現代まで狩猟採集を続けてきた民族の多くは植物性食物の採集から、多くのエネルギーを得ていた。田中二郎著の『砂漠の狩人』では「地球上の狩猟採集民のうちで、狩猟に経済生活の重点をおいている民族というのは、(中略)きわめて植物相の貧弱な高緯度地域だけに見られる」と書かれている。

一方、日本においての狩猟採集生活といえば、縄文時代がすぐに思い浮かぶ。その縄文人のくらしというと、シカやイノシシを狩猟によってとらえ、はたまたサケをとり、貝を集め、クリやドングリを食していた……というイメージが浮かんでくる。

人類学者ではなく、理科教員である僕が、狩猟採集というくらしに近づくとしたら、身近なドングリを食べることである……というのが、僕なりの考えになる。

ドングリ食の試み

雑草に定義があったように、ドングリにも定義がある。そして雑草の定義が研究者によって異なるように、ドングリの定義も研究者によって異なっている。僕の場合は、「ブナ科のコナラ属とマテバシイ属の木のつける実をドングリと呼ぶ」という見解をとっている(これ以外に、シイやクリなども含めてドングリと呼ぶといった定義もある）。この定義にしたがうと、日本にはコナラ属一五種、マテバシイ属二種の合計一七種のドングリがあることになる。

僕の通っていた自由の森学園は、雑木林とスギ・ヒノキの植林に囲まれるように建っている。その雑木林を構成していたおもな木が、クリのほか、ドングリをつけるコナラとクヌギであった。雑木林は人間とのかかわりによって生み出された林である。いわゆる里山の一角を構成する雑木林は、定期的に伐採され、材が薪や炭に利用されてきた。また林床にたまった落ち葉もかき集められ、耕作地の肥料の素とされた。このように定期的な人間による攪乱が繰り返される中、切り倒されたのちも、切り株からの萌芽能力が高い樹種が優占する林がつくりだされたのが、雑木林だ。一方、神社の背後には、そのような定期的な伐採が行われないため、古くからの林相に近い樹種が遺された。それがシイのほか、ドングリをつける常緑のアラカシ、シラカシといった木々だ。ドングリを知るということは、日本の原生の森の主役と、二次的に生み出された里山の林の主役を同時に知るということにほかならない。そうした森の主役たちと触れ合うため、授業ではドングリを食べてみることにした。それはまた、先に書いたように、僕たち人間が狩猟採集をしていた時代が長かったことを自分たちなりに追体験をする意味も持っている。なにより、生徒たちにとって、小さなころから身近にあって拾って遊んだことのあるドングリが、食べることができるというのは驚きの体験になるようだった。

では、ドングリをどのようにして食べたらいいのか。

ドングリにも種類がある。その種類によって、食べやすいものと食べにくいものがある。もっとも食べやすいドングリは、マテバシイ属のマテバシイだ。もともとは九州南端～沖縄にかけて自生している木である。屋久島や沖縄島北部のヤンバルなどの自生地を歩き回ると、尾根部などの乾燥した立地に多く見られる。一方、現在、マテバシイは、都市部の公園や学校などにもよく植えられている。また、僕の生まれ故郷である南房総では、里山がマテバシイ林になっているところも多い。南房総ではマテバシイを薪炭材としてだけでなく、ノリを養殖する際のヒビと呼ばれる材としても使ったためといわれている。僕は大学時代に、それこそ食事のお金にも事欠いたため、秋、大学構内に落ちているマテバシイのドングリで飢えをしのいだことが何度かある。マテバシイはドングリの殻（一般の植物でいうと果実にあたる部分）が厚く、殻を割るのには手間どるが、食用となる種子部分に渋みがほとんどないため、ゆでるだけで食べることができる。飯能では授業で使う大量のマテバシイを拾うことのできる場所が見あたらないため、僕は秋になると毎年、母校、千葉大にザックを担いでマテバシイのドングリを拾いに行った（じつは沖縄に移住して以後も、毎年、飛行機に乗って母校までマテバシイのドングリを拾いに行き続けている）。授業では、この拾い集めたドングリからクッキーをつくってもらうことにしていた。マテバシイのドングリの厚い殻をカナヅチで割り、中の種子を包丁で刻んでから、すり鉢で粉にし、ラードと砂糖を混ぜて（場合によっては卵も混ぜ）、オーブントースターで焼くという塩梅である。

中学二年生でこの授業をしたとき、生徒たちは「クリやシイの実じゃなくて、ドングリを食べるっていうのが、なんかいいよね」などといっていた。なかには「余ったドングリ、持って帰っていい？　家でもつくりたい」という生徒もいた。クッキーをつくるはずが、厚手の生地をハンバーグのようにフライパンで焼いて、醤油をつけて喜んでいる生徒もいた。こんなふうに、ドングリ調理は中学生に、好評だった。

しかし、マテバシイは先に書いたように、もともとは九州南部以南に自生していた木だ。すなわち、埼玉の学校のあたりに住んでいた縄文人は利用することのできなかったドングリである。そこで、学校のある周辺でも手に入るコナラやシラカシのドングリを食べることはできないかと考えた。これらのドングリを食べるにあたっての問題は、これらのドングリは種子に強い渋みがある点だ。この渋みの成分はタンニンである。

小学生が対象の場合でも、大学生が対象の場合でも、ドングリを配り、「ドングリを食べるのが好きな動物は？」と問うと、ほとんど一斉に「リス」という返事が返される。ところが近年の研究の結果、日本ではリスはドングリをほとんど好まないことがわかっている。ドングリの渋みはタンニンと呼ばれる成分であるのだが、タンニンは毒であるため、リスはタンニンを含むドングリを忌避するのである。ここにも、知っているようで、じつは知らないことが隠されているわけだ。ドングリを食べる代わりに、その分散にひと働きをしているのは、リスではなく、野ネズミである。アカネズミの場合、渋いドングリを食べるうちに、タンニンに対する抵抗性を獲得するという研究結果も報告されている。

僕たち人間が渋のあるドングリを利用する場合も、この渋みを抜かないと、どうにも食べることができない。縄文時代の人々が実際にどのようにドングリの渋みを抜いたのかはわからないが、近年までドングリを救荒食または嗜好食品として利用してきた地域があちこちにあるため、その利用法を本で読んで、ドングリの渋抜きに挑戦してみることにした。しかし、本の記述を読むだけでは、最初のうちはどの点が重要なのかがわからず、ドングリの渋を抜けるようになるまでには数年の試行錯誤が必要となった。けっきょく、わかってしまえばドングリの渋抜きにはとりたてて特別な用具は必要がなかった。生のままのドングリの殻をむき、中に入っている種子を包丁で刻んでからすり鉢で粉にし、その粉をボウルに入れて水をはり、渋を水の中に溶かし出す……というのがその方法だ。水は渋で茶色く染まるため、しばらくして、茶色くなった水を捨て、新しい水をはる。これを渋みがなくなるまで繰り返すだけである。コナラの場合、三日間の間に一〇回水を換えると、ほぼ渋みがなくなった。ドングリの種類によって含まれるタンニンの量が異なるので、もっと早く渋が抜けるものと、より渋が抜けにくいものがある。ウバメガシのドングリは比較的渋が抜けやすく、一方で、沖縄の島々には日本最大のドングリを実らせるオキナワウラジロガシが分布するが、このオキナワウラジロガシのドングリは渋がきつく、一週間かかって渋を抜いたあとも、粉には若干の渋みが残った。

このようにして渋を抜いたあとの粉は一度乾燥させてから、適量の水やラード、砂糖などを混ぜて好みの食品に調理加工することができる。クッキーのような甘い味のものだけでなく、お好み焼きのような料理をつくることも可能だ。渋抜きした粉を乾燥させる手間がとれない場合は、市販のドングリ粉（韓国では渋を抜いたドングリのデンプンを現在もさかんに利用するため、韓国産のものが入手できる）や、小麦粉などを混ぜて調理をすればいい。

選択授業の「飯能の自然」では神社の境内から拾ってきたシラカシのドングリを渋抜きし、クッキーをつくってみた。

大阪の万博公園で調べられた結果だと、シラカシなど常緑樹のほうが、年間になるドングリの量が多く、年による豊凶の差も少ないことがわかっている。小山修三著の『縄文時代』によると、一〇アールあたりの収量は、平均してシラカシが一九キロ、マテバシイも一九キロで、コナラは四・五キロであったとある。ちなみに米の収量は一四五キロともあるので、農耕の始まりがどれほど人口の増加に寄与したかということもよくわかる。

身近な自然の普遍性

大学でも何度かドングリを調理してみた。

沖縄の大学で授業をするようになって、これも初めて気づいたことがある。沖縄島の中南部出身の学生は、一度もドングリを拾ったことがない学生が少なくないということだ。

このことに気づいたときは、けっこう驚いてしまった。身近な自然の普遍性とはなにかということについて考えてしまう。「ドングリを拾う」という行為も、全国どこでも「普通」というわけではないことなのだ。これは沖縄島中南部が石灰岩地であることと関連している。アルカリ質である石灰岩地には、ドングリを実らせるブナ科の木々が生えるのを好まないのである。もっとも例外はあって、本土で見られるアラカシの亜種とされるアマミアラカシは、沖縄島では石灰岩地に林をつくっている。ただ、アマミアラカシの林は石灰岩地であればどこにでも見られるというわけでもないため、やはり、中南部出身の学生は、ドングリを身近なものとは思っていない（それどころか、沖縄にはドングリがないと思っている学生もいる）。こうした沖縄島中南部出身の学生たちと一緒にドングリ調理をして、また発見がある。できあがったドングリ料理が彼らに不評であったということだ。

大学で調理に使用したのは、オキナワウラジロガシやアマミアラカシのドングリだ。オキナワウラジロガシの場合、確かに渋みが強いが、一週間かけて渋を抜くので、ほかのドングリと同程度には渋は抜けている。問題点は、渋を抜いたドングリ粉は、「苦くない」のであって、それ自体がおいしいものではないということだ。埼玉の高校で授業の中でドングリ調理を取り入れたとき、できあがったドングリクッキーにせよ、ほかの料理にせよ、生徒たちの評価は上々だった。この違いはなににあるかというと、ドングリが普通の存在であるかどうかの違いではないだろうか。すなわち、埼玉の学校の場合、ドングリ料理に取り組んだ生徒は、いずれも小さいころからドングリを見知っていたが、食べたことはなかった。そのため、「遊び道具と思っていたのに食べられるのだ」という驚きが、ドングリ料理の味にプラス評価を与えていたように思う。それに対して沖縄の大学生の場合、ドングリ料理をするまでほとんどドングリに接してきたことがない。そのため、「ドングリを加工して食べる」という課題を与えられると、当然のように「おいしいものができる」と予測を立ててしまい、結果「それほど大した味がしない＝おいしくない」とマイナス評価がなされたのではないだろうか。

身近な自然というのは、あくまで相対的なものである。身近な自然は地域や時代によって変化する。だからこそ、たえず、目の前の生徒や学生たちにとって、身近な自然とはなにかと問い続ける必要がある。身近な自然とはなにかというのは、容易に答えに到達しえないテーマである。

第5章

遠い自然を探して

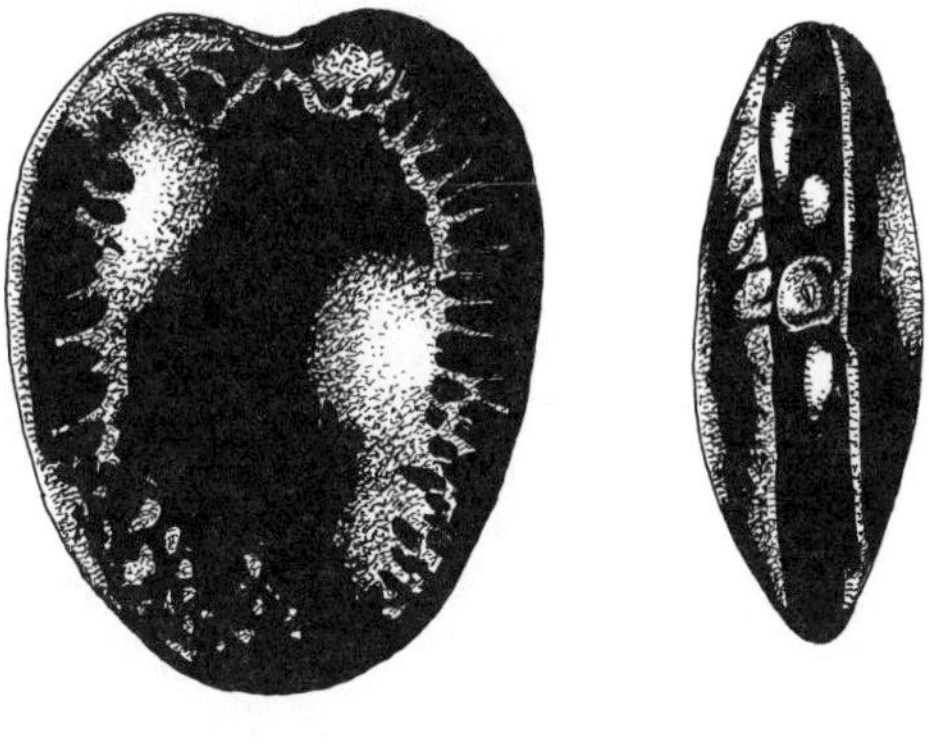

モダマ(エンタダ・トンキンエンシス)
奄美大島産

遠い自然を探して

一五年間過ごした埼玉の雑木林に囲まれた学校を退職し、沖縄に移住することにしたのは、いくつかの理由がある。星野さんが小さな学校を立ち上げる（珊瑚舎スコーレ）といいだしたこともその理由のひとつであるが、それ以上に以前から通っていた沖縄の人と自然とのかかわりについて見聞きしたいという思いが強かった。

「なんか、自然って自分にカンケーない」

「自然を追う人って、特別な人でしょ」

自由の森学園で教えている中で、生徒たちのこんな声に出会った。そんなことはない。自然は身近にもあるもの。そうした提示をしたくて、ドングリを食べたりした。無関心の殻を破るために骨や虫を教室に持ち込んだ。が、そうした工夫をする一方、もう少し別のアプローチをする必要があるというふうにも思うようになった。

自然は身近にもある。キライと思っていたものの中にもおもしろさがある。そうした一方で、自然は厳しいものであったり、怖いものであったりする。人間の力のおよばない、人間にはどうしようもないものとしても存在している。自然のそうしたもうひとつの顔、いわば「遠い自然」とでも呼べるものについて、自分はあまりにも知らないということが気になり始めた。

そして、辞表を提出し、沖縄に移住した。

沖縄との出会い

沖縄を漠然と意識しだしたのは、小学生のころの貝拾いにさかのぼる。海岸で拾い上げた貝殻は、家に持ち帰って図鑑で名前を調べた。新しい種類の貝を、一種類でも多く拾い上げることがそのころの僕の頭を占めていたことだった。そんな僕の座右の書だった図鑑を開くと、通い詰めた海岸ではついぞ見たことのないような美しい貝が図版の中に並んでいた。その多くは南の海の貝たちだった。「奄美大島以南」「沖縄諸島以南」といった図鑑の記述は、僕の頭に刷り込まれ、沖縄はあこがれの地となった。

小学校のころに、もうひとつ、沖縄を印象づける出会いがあった。

当時、学研の『科学』という小学生向けの科学雑誌があったのだが、わが家では、金銭的な理由から、その購読を許可してもらえなかった。ところがあるとき、母親が、『科学』のバックナンバーを知り合いの家からもらいうけてくれたので、狂喜した。その中に、西表島の自然を特集した号があった。イリオモテヤマネコが学会に発表されたのは一九六七年のことであるので、僕がこの雑誌を見たときにはすでにイリオモテヤマネコの存在は世に知られていたことになる。ただ、僕はこの雑誌の特集で、イリオモテヤマネコが紹介されていたかどうかがまったく記憶にない。僕が強い印象を受けたのは、ヤマネコではなく、巨大なマメの写真だった。探検家風の衣装に身を包んだ男性が、両手に掲げたそのマメは、サヤの長さが一メートルを超えていた。そんな巨大なマメがほんとうにあるのかと、僕は目をうたがった。この雑誌の写真は切り取られ、長らく僕の机の引き出しにしまい込まれ続けた。

実際にこの巨大マメの姿を見ることができたのは、大学一年生の春休み、初めての沖縄旅行で西表島に足を踏み入れたときだ。民宿の主に案内してもらい、林冠からぶらさがる巨大なマメのサヤに対面することになる。ただし、これは三月のことだったのでマメのサヤは未熟で緑色をしていた。また、今思えばサヤの長さも、巨大マメとしては小ぶりなものだった。それでも、僕は小学校時代からのあこがれの存在が実在することを確認できて、ひどくうれしかった。

大学四年生の秋。新設される自由の森学園が教員を公募することが教育雑誌に載った。書類審査はパスし、つぎなる試験は模擬授業と面接だった。

「食べられる木の実」……それが、僕が選んだ授業のテーマだった。

授業内容はよく覚えていない。とにかくいろいろな実物の木の実を持ち込み、食べさせたりしながら種子散布や植物の分類について伝えるという内容であったと思う。その授業の中で、僕は大学一年生のときに西表島で見つけた巨大マメのサヤも、ボランティアで採用試験に集まってきた生徒たちに見せた。面接の中での授業評価は、それこそ「おもしろかったんだけど、それでなにがいいたかったの？」と散々であったのだが、なにがどう評価されたのか、僕は採用試験に合格した。

自由の森学園の授業づくりに四苦八苦した話はすでに紹介した。もっと、自然のことを知ること。それが僕の急務になった。自然のおもしろさを伝えるための教材を見つけること。日々、僕の関心はそこにあった。自由の森学園での最初の給料をもらうと、僕は大学時代にくらしていた千葉へと駆けつけた。在学中、近くのデパートのドライフラワーショップに外国産の巨大マメの一メートルを超えるサヤが売られていたのを目にしていたからだ。五〇〇〇円以上の値がついていたそれを、貧乏学生のうちは手に入れることができなかった。まがりなりにも給料をもらう身になって、僕は真っ先に巨大マメのサヤを手に入れに走ったわけだった。

教員になってからは、年に一回は西表島に向かうようになった。春休みに出かけることが多かったので、やはり巨大マメのサヤは未熟な状態ばかりを見ることになるのだが、やがて巨大マメの種子は森の中に分け入らなくとも拾い上げることができることに気がついた。巨大マメは西表島の森の中でも、沢沿いの森に見られる。森に分け入ると、湿った沢沿いの泥地や周囲の斜面に、太さ三〇センチを超えるような太いツルがのたうっているのが目に入る。林冠を見上げると、そこには大きなマメのサヤがぶらさがっている。ときには脇に生えている木によじ登り、木の股に座って巨大マメのサヤのスケッチを描いたりした。そんなふうに、巨大マメは沢沿いに生えているため、熟したサヤからはずれた種子は、沢を下り海に入り、ふたたび海岸に打ち上がる。そのため、西表島の海岸を歩いていると、しばしば、直径三五ミリほどの硬くて平たい巨大マメの種子を拾い上げることができる。種子は全体的に平たいが、中央部は膨らんでおり、陣笠を二つ貼り合わせたような形をしている。どことなく干しシイタケに似た姿ともいえなくもない。また、その種皮はたいへん、硬い。

海に下った巨大マメの種子は、種皮が硬く、さらに種子内部に空洞があって海に浮かぶため、海流に乗って遠くまで流されることがある。

かつて、本土の海岸に流れ着いた巨大マメの種子を拾い上げた人々は、これがなになのか正体がわからず、海藻のつくりだした宝石……モダマ[図5]という名前をつけた。拾い上げられたモダマの種子は、根付などに加工され珍重された。西表島でモダマを見つけ、それが海流散布をすることや、拾い上げられた種子が加工されることがあることを知ると、ときに東京や埼玉の古道具屋でも、モダマを使った根付などが売られていることにも気づくようになった。

モダマは日本では屋久島以南に分布しているが、そのうち、屋久島と奄美大島に生育している〝モダマ〟と、沖縄島以南に生育している〝モダマ〟には違いがある。屋久島産と奄美大島産の〝モダマ〟の種子は西表島のものよりもずっと大型で、形も小判型をしている。また、本土の海岸などに漂着する〝モダマ〟の種子は、これらとはまた別のタイプであることが多い。全体的に丸っこく、厚みもある種子である。モダマ類に興味を持つようになって、僕の生まれ故郷である、南房総館山の海岸に漂着したものを見つけることもできたのだが、拾い上げたものはこのタイプだった。

これらの〝モダマ〟は、現在、つぎのように整理されている。

エンタダ・ファセオロイデス（ヒメモダマ）……沖縄島、西表島、石垣島、与那国島
エンタダ・トンキンエンシス（モダマ）[5章扉]……屋久島、奄美大島
エンタダ・リーディー……東南アジア産で、日本では海岸に漂着種子のみが見られる

モダマ類以外にも、海流散布をする植物の散布体（植物によって、種子の場合や果実の場合などいろいろある）は、日本のはるか南に位置する東南アジアやフィリピンあたりから流れ出てくるものもあり、普段は動きを見せない植物が、種子散布のときばかりは思いもかけない移動力を見せることを教えてくれる存在だ（なかにはヒルガオ科のマリー・ビーンのように、中米産の種子が太平洋を越えて与那国島に漂着した例もある）。

モダマ類には、その生育している姿も種子散布の様も、人をひきつけるなにものかがある。

僕は、何度も何度も、西表島にヒメモダマを見に、そしてその種子を拾いに出かけた。

ジュゴン猟の歌

ところが、西表島に通い詰めるうち、西表島の自然そのものだけでなく、西表島にくらしている人々から聞く、自然とのかかわりの話にも、強い興味をいだくようになった。

僕がとくに興味を持ったのは、西表島東部で民宿を営んでいた、Оさんの話だった。Оさんは西表島の周辺離島である新城島の出身である。かつて、西表島にはマラリアが猛威をふるっていた。そのため、人々は西表島よりもむしろ、周辺の離島に居住することを選んだ。新城島は平たく耕作地は狭い。また川もないため、飲料水にも不自由するような島である。しかし、川が流れていないことから、マラリアを媒介するハマダラカの仲間もすみついていなかった。そこで人々は新城島に住居を持ち、対岸の西表島まで舟で行き来し、田んぼを耕していた。

戦後、西表島のマラリアは撲滅される。とともに、今度は不自由な離島から西表島に移住する人が増えた。新城島には現在も人々の住居は残されているが、島守りのような役目の人は別とすると島人が島に戻るのは、祭りのときだけに限られている。西表島で民宿を営んでいたОさんも、そうして新城島から西表島に移住した一人であった。

最初、この民宿に泊まるようになったときに、Oさんが新城島出身であることを意識していたわけではない。何度も泊まるうちに、少しずつこぼれ話のように耳にする話が、だんだん自分の中で意味を持ち始めたということである。

沖縄に移住した年。僕は本格的にOさんの話を聞くべく、西表島に向かった。琉球王府時代、島々の人々は割りあてられた税を王府に納めていた。米のとれる島は米。平らな川のないような島（宮古島など）はアワ。新城島の場合は、西表島まで通って税として納めるための米作を行っていたわけだが、このほかに、新城島に割りあてられた税にジュゴンがあった。現在、ジュゴンは沖縄島近海でしか見ることがないが、かつては八重山近海にもジュゴンが生息していた。ジュゴンは古くから食用とされていたため、沖縄島や八重山諸島の遺跡からその骨が出土している。が、王府時代になり、ジュゴンの捕獲は王府の許可のもと行われるようになった。新城島の人々が捕獲したジュゴンの肉は島人が利用し、頭骨は島の御嶽と呼ばれる祈り場に納められた。そして一部の肉は塩漬けにされ、また皮は干され、王府へと納められた。ジュゴンの干した皮はカンナでカツオブシのように削って食されたという。珍味として王府の招く客人への接待に用いられたのである。

明治期になり、琉球王府は日本に併合されてしまう。王府の管理を離れることによってジュゴンの乱獲が始まる。推定では当時八重山近海には数百頭のジュゴンが生息していたのではないかと考えられている。一方で、統計書からは、明治四〇年から四三年にかけては毎年数十頭ものジュゴンが捕獲されていることが読み取られている。そうした結果、大正三年以降は、統計書からジュゴンの記録は見られなくなってしまう。八重山からジュゴンは姿を消してしまったのだ。

ジュゴンが姿を消した今も、新城島では、祭りのときの歌に、ジュゴンを捕獲する様子を歌い込んだ歌を歌い踊るのだという。その歌をOさんに習いたいと僕は願った。

マージャーミヤラビヌヨメショレーノガナシ
セーカーミヤラビヌヨメショレーノガナシ
シルビヤママーリアラキヨメショレーノガナシ
アダニヤマバマーリアラキヨメショレーノガナシ
ユナカジユパギドーシヨメショレーノガナシ
アダナシバユキリドーシヨメショレーノガナシ
……

歌詞を聞いているだけでは、意味をとることのできない歌だ。

Oさんに教わったジュゴン猟の歌は、ジュゴンを捕るときの網づくりから歌い込まれている。海岸林に行き、アダンの気根やオオハマボウの樹皮から繊維を取り出し、それを網になって……という意味の歌詞が続く。

新城ではジュゴンのことをザンと呼んだ。

「ザンは尾ビレでよ、舟までひっくり返すらしいさ。そこで網にかかったザンを、力のある若者が海に飛び込んで、するどい刀で尾を切るらしい。命がけ……さ」

Oさんには、そんな話も聞く。

かつての沖縄の人々がかかわっていた自然。はたまた、そうした人々と自然のかかわり方。それらは総合して、「遠い自然」と呼べるものにあたるのではないかと僕には思えた。僕にとって、その象徴がジュゴンであった。

井戸のまわりのカエルの歌

沖縄移住後、西表島に通ううちに、ほかにもジュゴンが登場する歌があることを知る。西表島西部の干立という集落に伝わる、「生命果報ユングトゥ」と題された歌がある。種取り祭という儀式のときに歌われる歌だ。この集落出身のYさんに、歌詞を見せてもらい書き写す。同じ集落出身のMさんの八五歳の記念に配られた手ぬぐいに染められたものである。

1・カーヌパタタヌ　アブタマ　パニバムイ　トブケー
　＊バガケーラヌイヌチ　シマトゥトゥミ　アラショーリ（二番以下略）
（井戸の端の小蛙がハネが生えて飛び（たつ）まで、
　われわれみなの生命、島のある限り、いつまでも富み栄えたいものだ）
2・ヤーヌマールヌ　キザメマ　ウーブトゥウリ　アラショリ
（家のまわりのかたつむり　大海に下り夜光貝になるまで）
3・ヤドゥヌサンヌ　フダジメマ　ウーブトゥウリ　サバナルケ
（戸のサンの小ヤモリ　大海に下りジュゴンになるまで）
4・グシクヌミーヌ　バイルウェマ　ウーブトゥウリ　サバナルケ
（石垣の中の小トカゲ　大海に下りフカになるまで）
5・プシキヌシタラヌ　キザゴナマ　ウーブトゥウリ　ギラナルケ
（ヒルギ林の下のシレナシジミ　大海に下りシャコガイになるまで）

たいへんにユニークな歌詞だ。井戸のまわりのカエルに羽が生えて飛んでいくまで……つまりは、そんなことはないだろうから、「永遠に」という意味であるのだ。永遠にシマ（集落のこと）とシマに住まう人々が栄えるようにという願いの歌である。

永遠をいいかえると、どんなふうにいえるのか。

二番目はカタツムリが海の中に入ってヤコウガイになるまで。三番目は家の中のヤモリが、海に入ってジュゴンになるまで。四番目は石垣のトカゲが海の中でサメになるまで。そして五番目がマングローブ林の中にすむ、シレナシジミ（ヒルギシジミ）という大型のシジミが海に下ってシャコガイになるまで……と続く。

この歌の歌詞を見ると、一番以外は、みな、渚を境界線として、陸と海の生き物が対比されていることがわかる。

かつて人々は海の向こうにニライカナイと呼ばれる別世界があると信じていた。渚にたたずみ、海を臨めば、海とそこにすまう生き物たちは、人々にとってははるか遠い自然へとつながるものとして存在していた。

一方、渚から集落を振り返れば、そこには日常のくらしを支える身近な自然としての、里周辺と、そこにすまう生き物たちがある。

この歌では、身近な自然と遠い自然が対比される形で永遠が表されてもいる。

遠い自然と身近な自然は相反するものではないのかもしれない。両者が対になって、初めて人々のくらしが成り立つものとしてある。井戸のまわりのカエルの歌を知るにつれ、そのような思いがわく。

もうひとつ、思ったことがある。最近になって、持続可能な社会といったフレーズを耳にするようになった。けれども、西表島には、昔から伝わる永遠（持続可能）を願う歌がある。授業でやりとりする中で、生徒や学生の時間感覚はせいぜい一〇〇年を限度としているということに気がついた。たとえば、化石を取り上げ、「いったい、どのくらい前のものだろう？」と問うと、それこそ一〇〇年前という意見から、一億年前といった意見まで同列に返されるからだ。一〇〇年以上前はひとくくりに大昔……。これが生徒や学生たちの時間感覚である。これは、生命体としてのヒトの寿命を考えれば、当然ともいえる。かくいう僕自身、おそらく生徒や学生たちの時間感覚とさほどかわらない感覚しかほんとうは持ちえていないのではと自問する。科学的な知識を多少得ていることで、一見、長い時間感覚を持っているかのようなふりができているだけではないか……と。しかし、人間は、もっと長いスパンで物事を考えることのできる「文化」を生み出してきた。

市民科学者として、在野にあって原発の危険性を発信し続けてきた故高木仁三郎さんは、居住地のウラン鉱山採掘に反対するアメリカ先住民の青年との会話を著書の中で紹介している。その青年は自分たちの部族が白人に出会うまでのくらしや、初めて白人に会ったころの話を、つまりとうてい自分が直接体験したはずのない昔の話を、たんたんと、さも自分が体験したことであるかのように語って、高木さんに強い印象を与えたという。その彼は、自分のまだ見ぬ子孫のために、ウラン採掘への強い反対の意志を持ち合わせていた。つまり、「彼の生命は何千年も前の祖先からひと続きであり、そういう時間を負っているのである。そのことはまた、その分だけ未来への想像力も私達よりもはるかに遠く及ぶことになる」と高木さんは書く。すなわち原発の生み出す放射性廃棄物（核のゴミ）の危険性に対して鈍い感覚しか持てなくなっているのは、僕たちが、長い時間感覚を失ってしまったことによるのではないだろうかと高木さんは指摘しているわけである。

この高木さんの本に紹介されているアメリカ先住民の青年の時間感覚は、井戸のまわりのカエルの歌で歌われる時間感覚と同質のもののように思う。

遠い自然とはなにか。それは、長い時間と結びつくものではないのだろうか。

沖縄の身近な自然

遠い自然を探しに移住した沖縄で、逆に、身近な自然を意識するようになったきっかけがある。

沖縄に移住したばかりのとき。知人から地元・琉球大学の生物関係の先生を紹介してもらいあいさつに行く。

そのとき、居合わせたある人から投げかけられたのが、「なにをしにきた？」というひとことであった。

「ヤンバルのめずらしい生き物でも見にきたのか」と。

投げかけられたひとことに戸惑った。僕が沖縄に移住したわけは、ひどく漠然としていた。「沖縄で、〝遠い自然〟とはなにかを考えたい」という思いはあったけれど、口ではうまく説明ができなかった。ヤンバルにめずらしい生き物がいるというのは薄々知ってはいたが、かといってヤンバルの特定の生き物を見たいという確たる思いがあるわけでもなかった。

僕は、西表島にジュゴンの歌を聞きに行きながらも、自分が沖縄の自然とどんなふうにつきあうか、時間をかけて考えることにした。

もともと、僕は身近な自然をいろいろな人に気づいてもらうにはどうしたらいいかということをずっと考えてきた。沖縄に移住したのは、人々の記憶に残る遠い自然へつながる話を聞きたいという思いがあったのだが、まずは沖縄でも身近な自然をきちんと見てみようと思いなおしたのだ。ところが、沖縄で身近な自然を探し始めた僕は、これまた、すぐに途方にくれることになった。生まれ故郷の館山や、一五年間の教員生活を過ごした埼玉の地は、いずれも里山と呼べる環境だった。古くから人がかかわりつくりあげてきた自然。そんな自然こそ、身近な自然の代表と思えた。しかし、沖縄の里を歩いてみても、サトウキビ畑が広がっているだけで、本土の里山のような田んぼや畑、雑木林といった多様な自然利用が見当たらないのだ。

長い間、この途方にくれる状態は続いた。

突破口は、珊瑚舎スコーレの沖縄講座の講師の先生に、小さいころから農業に携わってきたおじいを紹介されたことだった。

おじいが子どものころ、今は一面のサトウキビ畑の沖縄島南部にも、普通に田んぼが広がっていた。

「うちには七〇〇坪の田んぼがありました。一〇〇、一五〇、八〇、六〇……といったぐあいの小さな田んぼを集めると七〇〇坪ということです。棚田みたいですよ。平たん地がありませんから。この田んぼにはそれぞれ家庭内でだけ通用するような名前がついていました。アガリンター、イリンター、シンブイタ、シモダヌターダとかです。一〇坪の田んぼもありました。フルグムイヌメーという田んぼもありました。クムイはガー（湧水）の水が落ちてくるところにあった水のたまりです。馬を水浴びさせたりします。このクムイには二つあって、古くからあったのがフルグムイです。今は埋め立てられて畑になってしまいましたが。子どもたちはトーイユー（タイワンキンギョ）をよくとりにいったものです。ターイユー（フナ）も、ものすごくいました」

こうした話を聞く。

このおじいの話を聞き取ったことを皮切りに、あちこちの島や集落でお年寄りから話を聞いていった。キーワードは、「昔、田んぼがあったころ」。調べてみると、沖縄島では一九六三年の大干ばつをきっかけに田んぼが急減していたことがわかる。ちょうど、自給自足の生活が、消費生活へと切り替わるころとも重なっていた。田んぼの減少は、サツマイモの作付けやダイズの作付けの減少とも同時的であった。

身近な自然の多様性

僕がお年寄りの方々から聞き集めることになったのは、一昔前の身近な自然の話だ。たとえば、昔田んぼのあったころ、田んぼの肥料にどんな植物を使ったかといった話である。最初に話を聞いたおじいは、田んぼの肥料に使ったのは、耕作地にならないところに生えていたウカファと呼ばれる木の葉であると僕に教えてくれた。これは、マメ科のクロヨナという木のことだ。マメ科は根に窒素固定能力を持つ根粒があるため、栄養分の少ない土地でも育ち、かつ植物体に窒素分を多く含むため、緑肥に適しているのである。各島で緑肥に使った植物について聞き集めてみると、沖縄島南部のほか、伊良部島や石垣島、波照間島などでクロヨナの利用を聞き取ることができた。一方、奄美大島から沖縄島北部、久米島にかけてはクロヨナではなく、ソテツの葉を緑肥に利用するという話を聞き取れた。お年寄りからは、先端の鋭くとがったソテツの葉を田んぼの中に踏み込むのは子どもの仕事で、足の裏にソテツの葉がつきささるので、学校から家に帰るのがいやになったほどだというような話を教えてもらえた。

奄美大島を中心とした地域でソテツの緑肥利用がさかんだったのは、薩摩藩の琉球王府侵略によって奄美大島地方が占領され、以後、サトウキビ栽培が強制される中で日常の食料にも事欠き、ソテツの利用がさかんになったための、副産物であると考えられる。ソテツはその実だけでなく、幹の中にも大量のデンプンを蓄えている。しかし同時に有毒な成分を含んでいるため、利用するには高度な技術が必要となる。お年寄りの話では、かつて、ソテツデンプンは日常的に利用されるほど、重要な存在であったという。そのため、ソテツは栽培植物といってもいいほど、里に植栽されていた。有毒成分を含むソテツをそれほど利用してきたということは、その分ソテツについての利用文化を発達させてきたということでもある。その中で、ソテツの緑肥利用も生み出された。ソテツもやはり空中の窒素を固定する微生物と共生しているため、葉には窒素分を多く含むからだ。

話を聞いていくと、ソテツの利用ひとつをとっても、琉球列島の島ごとに、葉を緑肥に使うところ、使わないところ、枯れ葉を薪替わりにしたところ、しなかったところ、デンプンをさかんに利用していたところ、あまり利用してこなかったところ……と、さまざまだった。

キノコの利用も島や集落によって異なっている。南の島では一般に、あまり野生のキノコを利用してこなかった。それでも、島によって、利用するキノコの種類には違いがある。たとえばアラゲキクラゲはどの島でも広く利用されていたが、琉球列島の中でも久米島では特異的にアンズタケをキーロナーバと呼んで利用してきた。波照間島では、おそらくスエヒロタケだと思われる、コウズミンと呼ばれるキノコの利用について聞き取れた。残念ながら、里の環境が変化してしまい、かつて利用していたキノコが現在は発生しなくなったという話もときどき聞く。そのため、利用していたキノコが、なんという種類か、話だけでは判断に困る場合もある。

ヤギの餌にどんな植物を利用していたのか。薪に使うのはどんな植物だったか。そうした話も島や集落ごとといっていいほど異なっている。背後に山をひかえた奄美大島では、薪に困ることはなかった。背後に山をひかえた石垣島のお年寄りの話では、薪といっても燃えやすいものから燃えにくいものまでさまざまであるという話だった。生木のままでも燃えるトゥノーと呼ばれる木（アカテツ）は、雨続きのときの法事や結婚式などのときには、非常に重宝されたし、燃えにくいがためにいつまでも伐られずヤマヌバン（山の番人）と名づけられた木（アカハダノキ）もあった。一方、石灰岩からなる小島の池間島では、海岸近くに生えるアダンの枯れ葉が、唯一の薪であった。同じく石灰岩地からなる平らで山のない波照間島では、生徒が修学旅行に行く際に、自分用の薪（担ぐのに軽い、オオバギの材）を持って行ったという話を聞いた。

現在、僕が聞き集めているのは、魚毒と呼ばれる植物の成分を利用して魚をとる漁法に、どんな植物を使っていたかということと、繊維に使う植物はなにで、それはどこに生えているものだったかという話だ。魚毒漁は、古い歴史を持つ漁法で、本土も含めて各地で行われていたものだ。本土でおもに使われたのはサンショウで、そのほかにクルミやエゴノキの実なども使われた。聞き取り調査の結果、北は屋久島・種子島から南は与那国島・波照間島までの琉球列島のうち、屋久島や種子島ではエゴノキやウラジロフジウツギといった本土でも利用が見られた植物が魚毒に使われていたことがわかった。奄美大島や沖縄島でよく利用されたのは、ルリハコベとイジュである。石垣島ではイジュの代わりに同じツバキ科のモッコクが利用されていた。聞き集めた結果と、文献調査の結果から、琉球列島だけで二八種もの魚毒植物が利用されていたことがわかってきた。しかも、島や集落ごとに使用する植物や、使用方法に違いがある。現在は、こうした魚毒植物の違いが、里の周囲の環境とどのように対応しているのかを考えているところだ。

いずれの話からもわかるのは、かつて沖縄の島々の里山は、じつに多様であったということである。それは、その土地、土地の自然環境にあわせ、長い年月をかけて人々がつくりあげてきたものが里山だからだ。里山は身近な存在でありつつ、長い時間をさかのぼれるという意味において、「遠い自然」的な要素も含んでいるものである。

かつての沖縄の島々の里山と呼べる自然は、すっかり姿を変えてしまっている。今や、それはお年寄りたちの記憶の中に存在するものだ。お年寄りの方から話を聞き、記録し、比較し、沖縄の里山の姿を少しでも復元してみたいと思う。そして、聞き取った話はきちんとみなの見られる形に書き残しておきたいと思う。

おじい・おばあから聞いたかつての沖縄の里の様子や、植物利用の話を珊瑚舎スコーレの授業でしてみた。が、生徒たちはピンとこないという顔をしている。あれこれ、説明を加え、最後に「昔は野山がコンビニだったんだよ」という苦しまぎれの説明をしたところ、ようやく生徒たちが「ああ」といってうなずいてくれた。

里山というのは身近な自然の代表だったはずだ。それが、遠い自然のようにとらえられるものに変化してしまっている。

里山というのは、長い時間をかけてつくりあげてきたもののはずだ。それがコンビニという、ごく歴史の浅いものでしか連想できなくなっている。

遠い自然と身近な自然。その両者の関係をさらに追う。

第6章

遠い自然と身近な自然

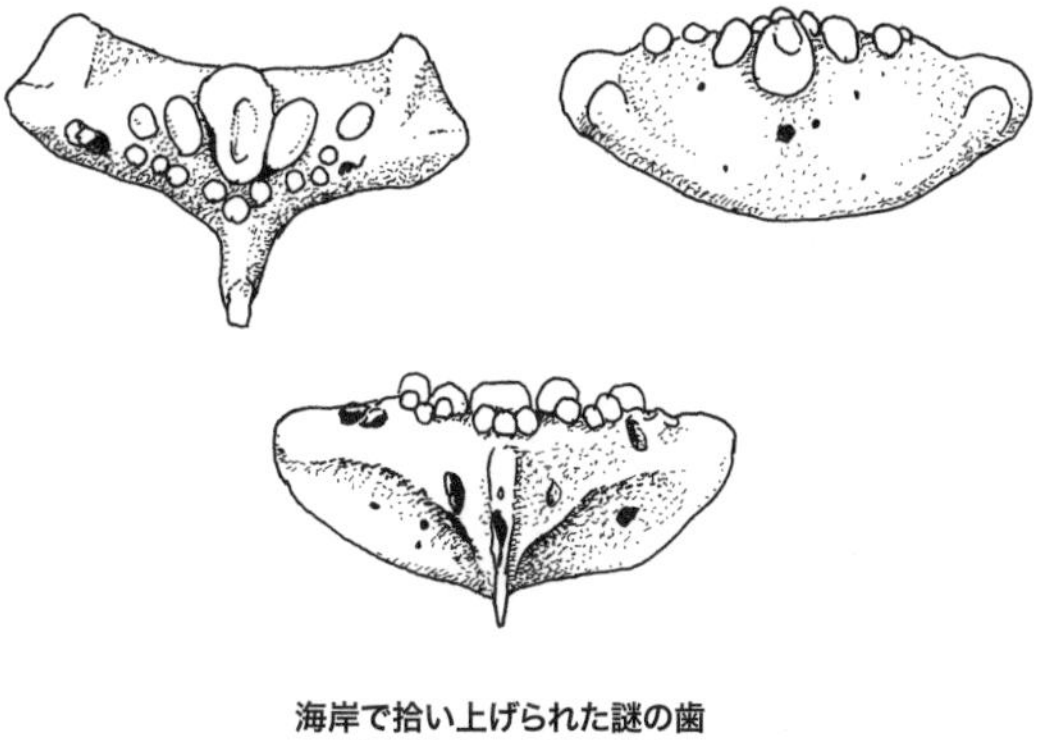

海岸で拾い上げられた謎の歯
“キジムナーの入れ歯”

カツオブシって木の皮でしょう？

遠い自然と身近な自然は対比されるものとしてある。

身近な自然がいつのまにか、遠い自然に置き換わってしまっていることもある。

また、遠い自然には、長い時間という要素が含まれる。

遠い自然と身近な自然の間を、行きつ戻りつ、模索する。

そうした例のひとつである、魚の骨をめぐる模索を紹介したい。

寝た子を起こす授業の要素を３Ｋの法則と名づけた話を書いた。その３Ｋのうちのひとつが、「食う」だった。

僕は理科の授業の中に、積極的になにかを食べることを取り込んでいる。五感を使った授業こそ、実感をともないやすいものである。それに僕らはいくら時代が進もうともやはりヒトという動物であることに違いはない。そして動物はほかの生き物を食べて生きるのが基本だ。なにを食べるかに意識を払うということは、自分たちが生き物であることを気づきなおすことにつながるのではないかと考えている。

大学のゼミの中で、ゼミ生に宿題を出してみた。

「これから一週間の毎食をノートに記録しておくこと。毎回の食事の素材に、どんな植物が使われているか見ていくから」

翌週、結果を発表してもらう。

昼飯……アメダマ。

こんな回答があったりする。「アメだから、原料の植物はサトウキビ」……めげずに、こう返す。

昼食……沖縄そば。

今度はこんな回答である。沖縄そばは、日本そばと異なり、麺の原料はソバではなくコムギだ。ダシにも植物が使われているはずだよね……とうながしてみる。醤油が入っているから、醤油の原料のダイズの名をあげてもらおうと思ったのだ。ところが、思いもよらない答えが返ってきた。「カツオブシ」である。植物質の原料をまとめているんだよと注意すると、「カツオブシって木の皮でしょう?」と返されて絶句をしてしまった。彼女のいい分にも一理ある。「生まれたての子どもはカツオブシの原料がカツオだとは知らないはずだ」というのである。「自分はこれまで一度も教わったことがなかった」というわけだ。そもそも考えてみたら、台所にあるのはカツオブシでなく、ダシの素ばかりになってしまっているせいかもしれない。

現代は、このくらい、食べ物がなにからできているのかについても、知らなくともかまわない時代になっている。

ただ、自分もまた、日々の食事についてどの程度注意を払っているのだろう。そんなふうに思う。そして、ひとつのプロジェクトを立ち上げることにしてみた。名づけて「食卓の骨プロジェクト」である。

僕たちの食卓には、植物だけでなく、動物の肉もあがる。しかし、僕たちはそれをやはり動物だとは認識してない。ふと気づけば、僕らはスーパーで買ってきた切り身や加工品を口にしている。一年間の食卓に出る骨をすべて回収する作業を行うことで、毎日のように口にしている「肉」について意識化できないかと考えたのだ。

朝食の食卓からは骨が出ない。

昼食のお弁当の中からは、サケの小骨が少々。

晩御飯には肉を食べたものの、すでに精肉されているものだからやはり骨はない。

こうした記録を日々、つけていく。あまりに骨が出ないとおもしろくない。そこで魚を買って調理し、骨を回収するようになった。そうしてみると、沖縄は海に囲まれた島である。サンゴ礁の魚、外洋の魚と、本土ではあまりなじみのなかった魚が売られているのに気づくことにもなる。そうした魚を食べ、骨をとる。食卓の骨を見つめるうちに、魚自体についても興味が深まる。

一年間の全食事数は一〇九一回。そのうち肉を食べたのは六三二回。骨を取り出せた食事はそのうち一二七回。これは全食事数に対してわずか一一・六パーセントにすぎなかった。意識的に魚を食べるようにしてもこうである。僕らは骨抜きにされたくらしを送っている。それでも食卓から取り上げた骨は小さな段ボール箱一杯になった。いうなれば、マイ貝塚だ。

自由の森学園時代、教材開発の必要から、僕は骨格標本づくりを始めた。しかし、骨取りを始めた目的が教材開発なので、標本づくりの技術に関しては必要以上に極めたいとは思わなかった。とりたててめずらしい動物の骨格標本を集めようという気も起こらなかった。どちらかというと、もっと身近なところから骨を探す、日常生活の中から骨を拾い上げる……というのが、僕の志向するところである。

キジムナーの入れ歯

食卓の骨探しと同じように、「こんなところにも骨が」という視点で興味を持つことになったのが、海岸に落ちている骨である。もともと、自由の森学園で骨取りを始めたころから、ときどき海岸に骨を拾いに行った。海岸には、海岸ならではの骨が落ちているからだ。鯨類やウミガメの骨や死体は海岸に行かなければ拾うことはできない。また、海岸に落ちている骨は白くさらされ、特別な処理がいらないことも多い。しかし、渚に打ち上がっている骨は、バラバラになっていることが多く、ときには破片状態にまでなっている。こうなると、骨の正体を明かすのはなかなかむずかしい。海岸で拾う骨には、一長一短がある。

ある日、大学に、鈴木雅子さんがやってきた。彼女は沖縄島北部を中心にして「北限のジュゴンを見守る会」の活動を行っている。琉球列島には、カイギュウ目に属しているジュゴンが生息している。ところが、明治期以降の乱獲により八重山の個体群は絶滅してしまった。琉球列島で最後に残された生息地が、沖縄島北部沿岸である。ところがこの最後の生息地も、普天間基地の移転という名目（実際は機能を拡大した新基地建設）で、辺野古に大型の基地がつくられようとしている今、脅威にさらされている。こうした状況の中、ジュゴンの生息状況はどうなっているのか。さまざまな観察データを集め、保護に役立てようとしているのが、鈴木さんたちの行っている活動だ。調査のひとつには、海岸での拾いものも含まれている。ひょっとしてジュゴンの骨が見つかるかもしれない。それは現生のものである場合もあるし、遺跡から流されてきた場合もあるかもしれない。いずれにせよ、そうしたものが見つかれば、これは貴重な資料となるものだ。

ところが、正体のわからない骨が見つかる場合がある。

「この骨、なんでしょう？　ジュゴンではないのはわかるんですが、かといってなになのかがわからなくて。なにかの頭の骨？」

かつて鈴木さんがそういって僕のところに持ち込んできたのは、なんとダチョウの胸骨だった。大型の鳥の胸骨は、ヘルメットのような外観をしている。とくに飛べない鳥であるダチョウの場合は、キールと呼ばれる胸筋が付着する突起が出ていないため、まんまヘルメット状だ。加えて肋骨が関節する凹みが並んでいて、まるで歯槽のように見えるので、「頭骨？」と思えるわけだ。幸い僕はダチョウの骨に興味を持っていたので、ダチョウの胸骨であることは一目でわかった。なぜ、ダチョウの骨が沖縄の海岸に落ちているかというと、沖縄島にはダチョウ牧場なるものがあるからだ。しかも飛べないとはいってもダチョウは鳥なので骨は中空になっていて軽い。ダチョウ牧場とはずいぶんと離れた場所の海岸まで骨が流されて打ち上がることがありえたわけだった。

　こんなやりとりを交わしたことがある鈴木さんが、あらたに謎の骨を拾い上げた。今度もジュゴンではないことは鈴木さんにも一目でわかった。ただし、なにの骨かがわからないという。おもしろかったのが、鈴木さんがこの謎の骨につけたあだ名だった。鈴木さんが見つけた骨に名づけたあだ名は「キジムナーの入れ歯」（6章扉）だ。キジムナーというのはガジュマルの木の上にくらし、魚の目玉が好きだといわれる沖縄の伝説の妖怪である。確かに謎の骨は、入れ歯のような形をしている。入れ歯はプラスチック製の歯茎の上に人工の歯が並んでいるわけだが、拾われた骨も厚みのある台座状の骨に、平たい咬頭面を持った歯が並んでいる。鈴木さんは、秀逸なあだ名をつけたものである。入れ歯の歯茎にあたる、台座状の骨の長さは三八ミリ。これがキジムナーだとすると、キジムナーというのは案外、顔の小さな妖怪であることになるわけだ。もっとも、キジムナーの入れ歯が、魚の咽頭歯であることはすぐにわかった。

咽頭歯について、ここで、少しだけ説明をしておこう。

脊椎動物の祖先には、まだ顎がなかった。現在見られる、円口類と呼ばれるヤツメウナギなどの原始的な魚にも、顎がない。では、われわれも持っている顎はどのように生み出されてきたのか。

両手の親指と親指をくっつけ、そのほかの指先どうしを左右でくっつけた状態で、丸を形づくってもらえるだろうか。このとき親指側を上に向ける。これが、顎のモデルだ。丸をつぶす状態に動かすと、口が閉じた状態ということになる。元に戻すと、口が開いた状態だ。つまり、顎は左右、上下の四つのパーツ（左右それぞれの上顎、下顎の骨格）からなっていることがわかる。こうした顎は、もともと魚の鰓を支える骨格だった。ヤツメウナギには、目の後ろに孔が七個並んでいるのでこの名がある。この目の後ろに並んでいる孔は、鰓孔である。つまり目の後ろに、六個の鰓が並び、それぞれに一対ずつ、水を排出する孔があいているというつくりをしている。たとえていうなら、輪をつくった手が六対、並んでいる状態だ。このうち、最前列の鰓を支える骨格が、頭の先端のほうへ移動してきて、摂食に働くようになったのが顎だ。なお、個々の鰓に対応して孔があいているという体制はサメにも引き継がれたが、やがて硬骨

にまで発達したのだから、骨格もなかなかのものだ。きっとと思ったら、

魚類になると、鰓はひとまとまりになって鰓蓋で覆われるようになった。この、ひとまとまりになった鰓の最後の骨格に発達している咀嚼に働く器官が、咽頭歯だ。もともと顎と鰓はれきしをともにしているわけだから、最後部の鰓の骨格に歯が発達しても、それほど不思議はないといえるだろう。咽頭歯の発達具合は魚のグループによってさまざまだ。第1章で少し紹介したように、淡水魚のコイ科の魚には、独特の咽頭歯が発達している。

キジムナーの入れ歯は咽頭歯であるのだが、コイ科のものとはずいぶんと形が異なっている。鰓の骨格も顎同様、本来、左右、上下の四つのパーツからなるわけだが、キジムナーの入れ歯の場合、下側の左右の咽頭歯が合体して、強固な構造をつくりだしている。それにしても、このように発達した咽頭歯を持つ魚は限られているだろう。しかし、僕にわかったのはそこまでで、なんという種類の魚であるかはわからなかった。

骨は生き物のれきしとくらしを照らし出す。

だから骨はおもしろい。

骨に現れたれきしとくらしを読み取るすべを知ると、骨はキモチワルイものから、興味深いものへと変化する。

しかし、生き物の本質はいろいろ……つまり多様性にある。「こうした構造を持っている骨は魚の咽頭歯」ということが読み取れるようになったとしても、なんという種類の魚かという

のは、また別の問題としてある。

市場の魚

キジムナーの入れ歯の正体探しは、なかなか前に進まなかった。進展があったのは、数年後のことになる。調査のために出かけた奄美大島で、宿においてあった本をたまたま開いていたら、キジムナーの入れ歯と同型と思える咽頭歯の写真が載せられていて驚かされる。その本は釣り好きの人が自費出版をした、自分で釣った魚を紹介する本であった。この本には、キジムナーの入れ歯を持つ魚を、カンムリベラと紹介していた。その名を忘れないよう、ノートにメモする（しかし、今度はどのノートにメモをしたかを忘れて、これを思い出すのにえらく時間をとってしまった）。

それからまたしばらくあとのこと。

骨に興味を持っている大学生のマオ君とやりとりをする機会があった。

哺乳類の頭骨は、煮て骨をとるのに、むずかしい技術は不要だ。ほとんど、ひとかたまりの骨に癒合しているからである。しかし、魚の場合、頭骨が多数の骨に分かれているため、不用意に煮ると、バラバラになり、組み立てることができなくなる。しかし、マオ君は魚の頭骨標本を組み上げる技術を持っている。僕は食卓の骨プロジェクトを始めたことで、多少は魚について勉強をしたものの、それでも、魚についての知識はまだ不十分だ。そこで、マオ君にカンムリベラの咽頭歯のことを話してみることにしたのである。

マオ君は、自分で海に潜って必要な魚をとるか、市場に通っておもしろそうな魚を得ている。マオ君が、一年間、ほぼ毎日市場通いをしたと聞いて、驚く。僕の家から歩いて三〇分ほどで那覇漁港に隣接する市場に着く。僕も何度か市場には出かけたことはあった。那覇でも街中の一般のスーパーに売られている魚は種類が限られている。近海もののマグロはさておき、本土産のサンマやチリ産のサーモンも常連となっている有様だ。一方、漁港近くにある市場に行くと、季節のさまざまな、しかもサンゴ礁域の色とりどりな魚が並べられている。まるで水族館にきたようなかんじもいだく。しかも市場では、お金を払えば魚を手に入れることができるという水族館とは異なった利点もある。しかし、市場に毎日行くという発想が僕にはなかった。

「毎日行くと、見れる魚が違うんです。季節によっても違うし、海が荒れたときは魚があんまりあがらないので、普段は売りに出ないような魚も並んでいたりします」

マオ君はそんなことを教えてくれる。自然は意のままにならないものである。季節や天候によって並べられている魚が異なるということこそ、自然の反映であるといえる。では、カンムリベラも売られていたりするのだろうか。

「カンムリベラも売られていることがありますよ。カンムリベラは、肉に臭みがあるんです。一部のお年寄りはかえって臭みを好んだりするみたいですが、普通はあんまり人気がないので市場でも見かけません。でも、海が荒れたときには、そんな変な魚も売られていたりするんです」

マオ君はそういった。

都会の中にくらしていても、自然と出会う方法はいろいろとある。そのことにまた、気づかされる。

キジムナーの正体

マオ君にならい、自分でも市場めぐりをしてみることにした。まだ始めて半年にしかならないが、彼のいったとおりであることを少しずつ実感する。行ってみるまでどんな魚が並べられているかが予測できないのだ。とりあえず、ベラの仲間に注目してみることにした。ベラ科の魚はサンゴ礁を代表する魚のグループのひとつで、熱帯域を中心に世界から四五三種が知られ、そのうちの最大種は体長二メートルになるメガネモチノウオ（ナポレオン・フィッシュ）だ。

毎日というわけにはいかなかったが、半年間で三三回市場に行った結果を集計してみる。

ベラの中でも沖縄でマクブと呼ばれるシロクラベラは、沖縄では高級魚とされているので、比較的コンスタントに売られている。一方、そのほかのベラは値が安く、「ついで」に売られているかんじであり、いつ並べられているか予測がつかない。そのほかのベラは三三回のうち一二回見ることができた。売られていたベラの種類も日によって異なるが、集計すると、シロクラベラのほかに、タキベラ、ミヤコベラ、キツネベラ、クサビベラ、カンムリベラ、イラ、シマタレクチベラ、ホオスジモチノウオ、ヒトスジモチノウオ、ヒレグロベラ、ホシテンス、シロタスキベラ、ハゲヒラベラの一四種にのぼった。加えて食用としてではなく、ディスプレイとして体色の美しいヤマブキベラが飾られていたことがあった。これで合計一五種。また僕は市場で直接売られているのを見ていないが、マオ君はこの期間に、市場で売られていたメガネモチノウオを購入している。これで合計一六種。ずいぶんといろいろな種類のベラが市場に姿を見せていることがわかる。この市場通いの間、「キジムナーの入れ歯」の主と思われたカンムリベラが売られていたのは、ただの一度であった。

　これらのベラを見かけると、買って帰って大学で解剖をした。全身のスケッチをしたのち、頭部を切り離し、煮ておおまかに肉をとってから、入れ歯用洗浄剤を入れた水の中に浸け、バラバラの骨格標本をつくる。

　結果からいうと、キジムナーの入れ歯は、やはり[図6]カンムリベラの下の咽頭歯であった。比べてみると、同じベラ科の魚でも、咽頭歯はさまざまだ。「キジムナーの入れ歯」というあだ名をつけたカンムリベラの咽頭歯は、ベラの中でもとりわけ頑丈な形をしていることがわかる。こうした頑丈な咽頭歯は、食べ物と関連している。頭を切り落とした魚は、内臓を取り出し、胃の中を調べた（肉は持って帰って夕飯のおかずになった）。ベラ類の胃の中からは底生生物が見つかることが多い。貝やカニ、エビといったものたちである。カンムリベラの胃の中には砕かれた貝殻がたくさん入っていて、しかも、かなり厚い貝殻を持ったものまで割られているため、その咽頭歯の頑丈さをあらためて思い知る。

僕は少年時代から貝に興味がある。けれども、カンムリベラの胃の中から出てきたバラバラの貝殻から種類名を特定するのはむずかしかった。そこで千葉県立中央博物館の貝の専門家である黒住耐二さんに見ていただいたところ、ニッポンレイシガイダマシ、ゴマフヌカボラ、クリムシカニモリ、チヂミフトコロなどが含まれていたという返信をもらえた。

キジムナーは伝説の妖怪である。キジムナーの入れ歯と名づけた咽頭歯を持つ魚の正体は、こうして少しずつ僕の前に姿を現していった。

貝塚の歯

自然は、つぎつぎに謎を投げかけてくる。

キジムナーの入れ歯の正体探しをしていたら、以前拾い上げた別の魚の咽頭歯の正体も、気になりだす。拾い上げた咽頭歯はT字型をしている。キジムナーの入れ歯同様、下側の左右の咽頭歯が癒着し一体型になったものだ。Tの字の横棒にあたる部分の長さは七五ミリもあって、カンムリベラと比べると、かなり大型の魚の咽頭歯である。かみ合わせにあたる部分は平たくなっており、表面には平たい粒状の小さな歯が、タイルのようにびっしりと覆っている。それでも、基本的な形は、キジムナーの入れ歯、つまりはカンムリベラの咽頭歯に似ているから、やはり大型のベラ科の魚のものだろうかと思う。

この謎の咽頭歯は、西表島の貝塚遺跡から洗い出されたものだ。海岸沿いにある貝塚が波で洗われ、地層中に含まれていた貝や骨が周囲の海岸に散らばっている。貝塚の中からは土器だけでなく、陶器も出てくるので、それほど古い時代のものではない。また、貝塚の中から見つかる骨は、ほとんどがイノシシの骨であるが、ウシの骨も含まれていた。つまり家畜も導入されていた時代のものだ。八重山の歴史をたどると、一三世紀ごろから一六世紀ごろにかけては先島グスク時代と呼ばれる時代区分にあたっている。この時代の特徴として、稲作や畑作による農耕社会が形成されていたことや、外耳土器と呼ばれる特有の土器が使われていたことなどがあげられる。考古については素人だが、崖下に散らばる土器には、この外耳土器と思われる土器のカケラも落ちている。こうしたことから、咽頭歯が見つかった貝塚は、およそこの時代のものだろうと考えている。

この時代の八重山についての貴重な記録がある。朝鮮半島沖の済州島出身者三名が与那国島に漂着し、その後島伝いに沖縄島に送られたのち、故郷に戻り、朝鮮王の下で体験談を語ったのが記録として残されているのである。これは一四七九年のことになるが、この記録の中の西表島で漂流民が見聞きしたことを抜き出すと、つぎのようなことが書かれている。

イネとアワをつくっているが、アワはイネの三分の一しかない。
ウシ、ニワトリ、ネコ、イヌを飼っているが、ウシは食べるがニワトリは食べない。
山にはイノシシがいて、島人はやりをささげイヌをしたがえてこれをとる。
山には材木が多く、他島に輸出することもある。
大きなヤマノイモがある。

確かに貝塚から出る骨を見ても、ウシは見つけられるが、ニワトリは含まれていないようだ。貝塚からは、見つかる頻度は少ないが、ウミガメの甲や、サメの脊椎（歯はイタチザメのものが見つかった）なども見られた。

さらに、ジュゴンの骨を見つけることができた。

ジュゴンは僕にとっては、遠い自然の象徴のような存在である。ジュゴンの骨は緻密であるため、ほかの動物の骨とは質感が異なる。そのため、破片となっていても、手にとることができれば、それとわかるものである。実際に海岸で見つけた骨に、独特の重みを感じ、僕は感激をした。見つかるジュゴンの骨の多くは肋骨の断片で、ほかに頸椎や頭骨のカケラ、上腕骨などが見つかった。僕が謎の咽頭歯の正体に心ひかれたわけは、こうしたジュゴンの骨が出土する貝塚に含まれていたということにもよっている。

謎の咽頭歯は、ひょっとして、ベラ科の最大種のメガネモチノウオのものではないか。最初に考えたのはそのことであった。そこで、マオ君がつくりあげたメガネモチノウオの骨格標本の咽頭歯を見せてもらう。ところが、予想とは裏腹に、拾い上げられた咽頭歯とメガネモチノウオの咽頭歯は、形状が異なっていた。メガネモチノウオの咽頭歯の咬頭面は、粒状の平たい歯がタイル状に敷き詰められているというものではなく、半球状の歯が散在していたのである。

メガネモチノウオ以外に、こうした大型の咽頭歯を持つ魚は存在するのだろうか。

そこで、魚の耳石の研究者で、魚の骨全般についてもくわしい、大江文雄先生に相談をしてみることにした。すると、形状が似ているのは、コブダイの咽頭歯ではないかというコメントをいただいた。さらに大江先生自身で取り出したコブダイの咽頭歯標本も送付していただけた。両者を比較すると、ほぼ一致する形をしているといっていいと思われた。

ところが、沖縄の市場に通っても、コブダイの姿を見ることはなかった。マオ君も沖縄ではコブダイを見たことがないという。図鑑を見ると茨城県・佐渡以南、朝鮮半島、南シナ海とあるので、西表島周辺に生息していてもおかしくはないのかもしれない。しかし、今のところ、沖縄近海でコブダイを見たという話を聞いたことがない。

さらに西表島に通ううち、もうひとつ同じ、咽頭歯を拾い上げた。一例ではないということは、それなりに捕獲されていたということだろう。現在も、西表島近海にコブダイはいるのだろうか？　もし、過去にはいて、今はいないとしたらそれはなぜだろう。謎は、まだすっかりとは、解けていない。

神の魚

じつは、最初、コブダイと思われる咽頭歯の主の候補は、ちょっとした勘違いもあって、カンムリブダイではないかと考えていた時期があった。

勘違いというのは、キジムナーの歯の正体探しをしていたとき、うっかりものの僕が、どのノートにカンムリベラの名をメモをしたのかを忘れてしまったことによる。ノートがしばらく見つけ出せなかった僕は、カンムリベラの名前がうろ覚えであったため、つい、カンムリブダイと名前を混同してしまった。両者の名前を混同していたことはマオ君と話をするうちに気がついた。実際に咽頭歯を取り出すことで、キジムナーの入れ歯がカンムリベラの咽頭歯であることもはっきりした。しかし、ケガの功名とでもいうべきか、こうしたいきさつから、僕はカンムリブダイという魚の名を意識することになった。

ブダイ科は、ベラ科に近縁の魚で、やはり咽頭歯が発達しているという特徴がある。そしてカンムリブダイはそのブダイ科の中の最大種である。こうしたことからカンムリブダイを、貝塚から出土した謎の咽頭歯の主ではないかと、一度は考えたのだ。

カンムリブダイはブダイ科の中で、カンムリブダイ属に属する唯一の種とされている。インドネシアのジャワ島から発見された個体によって記載され、八重山諸島以南のインド・太平洋に広く分布している魚だ。最大一三〇センチ、四六キロにまで成長すると文献にはある。カンムリブダイは、日中は水深一～一五メートルほどの浅いサンゴ礁で活動し、夜間はラグーンの洞窟内などで休む。世界で一番密度が高く見られる場所はグレートバリアリーフで、ここでは一平方キロあたりの個体密度は三・〇五匹となっている。カンムリブダイはエスカベーター（かじりとり屋）で、いろいろな底生動物を摂食する。サンゴや藻類、さらには小型の無脊椎動物である。カンムリブダイの餌のうち、五〇パーセントは生きたサンゴであり、一匹は、毎年五トン以上ものサンゴを食べると考えられ、サンゴ礁の生態系に与える影響は大きい。このようなカンムリブダイの自然界での死亡率は低いと考えられている。が、各地で高い漁獲圧にさらされている魚でもある。

カンムリブダイの咽頭歯が気になったのは、じつは、この魚が西表島で神の魚と考えられていたということも関係している。神の魚というカンムリブダイの異称は、この魚に、どこか「遠い自然」とのかかわりを想起させる。

西表島・祖納では、かつて、カンムリブダイをグーザと呼び、このグーザを対象とする漁が行われていた。

カンムリブダイは、潮が満ちるとリーフの切れ目（クチ）からリーフの中に餌を食べにやってくる。カンムリブダイは大きいものでは数十キロの体重になる大型の魚であり、しかも群れをなして行動する。

このかつて西表島で行われていたカンムリブダイ漁は、きわめて特殊な漁法であった。どのように特殊であるか、簡単に紹介しよう。カンムリブダイ漁には、船を三艘したてて行く。カンムリブダイの群れを認めると、漁のリーダーはかぶっていたクバ笠を脱ぐ。これは神の魚に対する礼儀であった。カンムリブダイの群れに向けて網を巻き、取り囲んだあと、人々は海に入り、カンムリブダイを二人一組で抱きかかえるように手づかみにして捕獲し舟に引き上げた。この漁の間、一人の漁師を一艘の舟の舟底に寝かせ、絶対に動かないようにさせるのである。

寝たふりは二時間にもおよんだという。つまり、一人の漁師が眠ることにより、カンムリブダイはおとなしく人の手にかかるという、一種の呪術的な漁法が行われていた。このような不思議な漁が、かつて存在した。

カンムリブダイはなぜ神の魚とされたのだろう。

その大きさもさることながら、潮の満ち引きとともに、リーフのクチからリーフ内と外洋を行き来する生態が、神の魚とされた理由ではないか。

クチは、人々にとって、舟の出入りの場であった。それだけでなく、漂着物もクチを通して島にたどり着いた。そうした漂着物は、どこからやってくるのか。ひょっとすると、漂着物には送り主がいるのではないのか。いにしえの沖縄の人々は、そのように考えた。

久高島には五穀のクチと呼ばれるクチがある。五穀の起源説話は民族や地域によってさまざまなものが知られているが、久高島にはクチを通って、外洋から五穀を入れたヒョウタンが流れ着き、浜に漂着した……という伝承が伝わっている。では五穀は、どこから、どのようにしてやってきたのか。あの世にいる神から送り出された五穀が、クチを通じて、この世にもたらされた……人々は、そう考えた。沖縄では、クチを通じて外洋からリーフ内に入ってくるものは、こうして神の使いや、神の贈り物ととらえられる世界観があった。

クチを通って、リーフ内と外洋を行き来する生き物にジュゴンがいる。西表島には、それこそ、ジャングチと呼ばれているクチもある。ジュゴンはザン（ジャン）と呼ばれたが、これはサイノイオがなまったものではないかともいわれている。サイというのは、リーフに立つ白波のことである。かつて、沖縄の人々にとって、外洋はあの世である、ニライカナイへと通じていると信じられていた。ジュゴンは、そうした異世界につながる外洋と身近な自然であるリーフを行き来する生き物であった。ジュゴンは貝塚時代から人々に捕獲される対象であったが、一方でおそれられる存在でもあった。ジュゴンは神の使者でもあったからだ。ジュゴンが津波を予知したという伝承が八重山には残されている。ジュゴンと同じように、クチを出入りするカンムリブダイもまた、異世界から神に使わされて、やってきたものたちと考えられたのだろう。

港近くの市場に通ううち、このカンムリブダイが並べられているのを見る。確かに大きい。神の魚といわれた魚がステンレスの流しに氷と一緒に並べられているのを見るのは、少々、違和感を覚える。

一五〇〇〇円という値がついている。しばし、迷ったが、まるごと買入れ、肉は賞味し（食べきるのに一カ月かかった）、頭骨を取り出した。咽頭歯は貝塚から拾い上げた咽頭歯やコブダイのそれとはまったく形が異なっている。カンムリブダイの咽頭歯は、ほかのブダイ科の魚もそうであるのだが、咬頭部に、鱗状の歯が規則正しく並んでいる。

貝塚の謎の咽頭歯はカンムリブダイのものではない。が、カンムリブダイをめぐって、あれこれと調べているうちに、今度は、西表島の貝塚の中から、カンムリブダイの咽頭歯は出ないのだろうかと思うようになる。

今のところ、まだ、貝塚のある海岸ではカンムリブダイの骨を拾い上げられていない。

それにしても、いったい、いつのころから、ジュゴンは神の使いと考えられてきたのだろうか。いったい、いつのころから、カンムリブダイをとるための不思議な漁が行われていたのだろうか。

どんな生き物にも、必ず生命誕生からの長いれきしがある。そうしたことでいえば、すべての生き物には遠い自然と呼べる要素が含まれていることになる。となると、問題は、どんな生き物を見るかではなく、その生き物から、なにを見ることができるかだ。

ここと、むこう。

今と昔。

身近な自然と遠い自然。

たとえば、たまたま手にした魚の骨から、その両者を行き来する。

第7章

異世界への扉

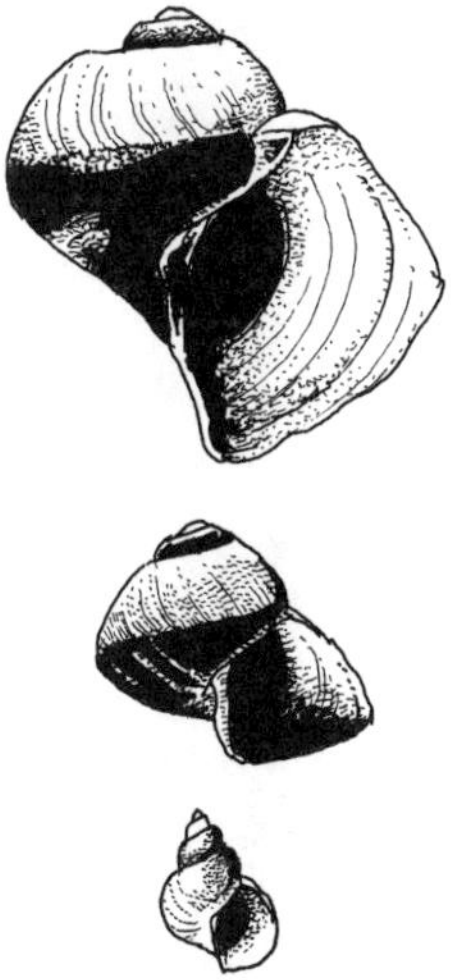

外洋表層で浮遊生活を送る貝
上：ルリガイ
中：アサガオガイ
下：ヒルガオガイ

貝貨の貝

僕の日常は街中ぐらしの日々だ。平日は、授業や会議があるので、ほぼ毎日大学へ出勤する。そんなどっぷりと現代社会に浸かった、時間に追われるように過ぎていく日常の中でも、ふとしたおりに、日常とは別の時間軸に位置する自然とのかかわりに気づくことがある。身近と思っていたものの中に、異世界へと通じる扉が隠されていることがある。今度はそうした例を、貝を中心にして紹介してみる。

大学へ。この日は土曜日なので授業はなかった。が、朝から一日、学生たちの模擬授業の参観が予定されている。先にも書いたが、僕が日ごろ、顔を突き合わせている学生たちは、将来、小学校の教員になることをめざしている。そのため、学生たちが四年生になった五月、教育実習に送り出すにあたって、授業力がついているかをチェックすべく、大学で模擬授業大会が開かれる。学科に所属する各教員に、学生たち七〜八名が割り当てられ、彼ら・彼女らの授業を終日参観し、講評を行うのがこの日の仕事内容だ。模擬授業の教科は主要科目の国語か算数である。一方、僕の担当は理科教育だから、僕の講評が、的を射ているかどうかというのは、若干心もとないところがある。

「□を使った式」「おくりがな」等々、学生たちの選ぶ単元も、学年もさまざまだ。一人あたり四五分の授業の間は、ひたすら授業を聞き、気になる点をメモしていく。授業担当者以外の学生たちは生徒役になって、授業者の授業を盛り立てることになる。授業を受ける身からすると、算数よりも国語のほうがおもしろい。国語のほうが、授業者によって教え方や教える内容に差が出やすいからだ。さらに、自分の興味がひそかに脱線できたりする。

「漢字の由来」の単元を授業に選んだ学生がいた。象形文字、会意文字等々、漢字の成り立ちについて説明し、身近な漢字をその観点によって分類してみるという授業である。学生の授業自体は、きっちりとしたものだった。生徒があきないような工夫も考えられていた。ただ、さすがにまだ学生である。全体的に「教科書的だなあ」という感想はいなめなかった。さて、授業の講評の段になって、ついつい気になったことを学生たちに聞いてしまった。この授業で使用した教科書の該当ページを見ると、参考として、「お金に関係のある漢字」が紹介されていた。「銅、銭、料、財、貸」等々の漢字である。

「金偏の漢字があるのは、まあ、わかるよね。米偏の漢字があるのは？」

僕は全体的な講評のあと、付け加えとして、こんなことを学生たちに聞いてみたのだ。

「昔は税金がお米だったりしたからでしょ」

学生たちから、すぐに答えが返される。

「じゃあ、貝が組み合わさった漢字が多いのは？」

「昔、貝殻がお金代わりにされていたからでしょ」

なるほど。貝貨が使われていたことは、学生たちは「知っている」ということがわかった。

「じゃあ、どんな貝がお金に使われていたの？」

学生たちが答えにつまる。

「ええと、ヤコウガイ？」

ようやく、そんな答えが返される。ここでヤコウガイの名前が出てくるとは思わなかった。ヤコウガイは南の海に生息する巨大なサザエの仲間の巻貝である。サザエの仲間であるから、むろん、食用になる。このヤコウガイはかつて沖縄の重要な産物であった。ヤコウガイは貝殻に真珠光沢があるため、螺鈿細工の素材として重要視されていたのである。ただし、貝貨として使われていたわけではない。

学生たちとやりとりをしてみて、貝貨の存在は「知られている」が、どんな貝がお金として使われていたのかまでは「よく知らない」ということがわかった。「知っているつもりで、じつは知らないものとはなにか」に気づくこと。何度も書くが、これこそ、授業づくりのポイントだ。また、長年教員生活を続けてきた僕にとって、授業づくりのときに限らず、自然を見るとき、たえず気にかけている観点がこれだ。この日、専門外の国語や算数の授業につきあっていたおかげで、僕はまたひとつ、知っているつもりで、じつは知らないものに気づけたわけだ。

貝貨は世界のあちこちで見られ、地域によって使用された貝の種類は異なっている。漢字の成り立ちにかかわる中国においては、貝貨とされたのはタカラガイだ。タカラガイというのは、丸っこい形をした巻貝の仲間（タカラガイ科）で、形がかわいらしいだけでなく、模様も美しい種類が少なくないため、一般的にも人気が高い貝の仲間である。タカラガイ科に属する貝は日本だけで八八種、世界では約二三〇種があるという。とりたてて貝の研究をしている人でなくとも、タカラガイなら海岸で拾ったことのある人も少なくないだろう。タカラガイを専門とするコレクターもまた、存在する。

そうしたタカラガイと僕は少なからぬ縁がある。理科教員をしている自分の成り立ちをさぐってみると、生まれ育った街近の海岸での貝殻拾いにたどり着くからだ。

少年時代の貝拾い

小学校二年生のときだったと思う。僕は父親に連れられ、実家近くの海岸に降り立った。そのとき、僕は海岸に、「たくさんの種類」の貝殻が落ちていることに気がついた。

生涯にわたって生き物好きとなるというのは、一種の病気のようなものではないかと僕は思っている。いつ、どこでその病が発症するかはわからない。まったくこの病にとりつかれない人のほうが普通である。僕の場合は、小学校二年生のとき、貝殻を具体的な対象物として生き物屋という病を発症させることになった。以後、ヒマがあれば海岸に出かけ、打ち上げられた貝殻を拾い集めることになる。「たくさんの種類」が落ちているのに気づいた……と書いたが、生き物の世界の根本にあるのが多様性だ。この多様性に気づき、ひきつけられるかどうかが、生き物の世界に特別にとりつかれるかどうかの分かれ目のような気がする。貝好きから生き物の世界に踏み込んだ僕にとって、タカラガイは特別な存在としてある。

僕が生まれ育ったのは、千葉県南端に位置している館山である。フィリピン近海から琉球列島、日本列島と北上する黒潮は、房総半島の沖で太平洋のはるか沖合へと反転する。そのため館山の海辺では、南方系の貝殻を見かけることが少なくなかった。房総半島は黒潮域に位置するため水温が高いということだけでなく、黒潮によって南方から貝の幼生が流れ着くことがあるからだ。南方系の貝が、その幼生が流されてきて一時的に成長したのち、繁殖することはできずに冬の水温低下で死滅して貝殻が打ち上がるということがある。むろん、少年時代の僕がそのことを理解できていたわけではなかった。

拾って帰った貝は、図鑑で名前を調べる。図鑑の写真と何度も見比べる。解説を読む。しかし、子ども向けの図鑑は載っている種類が限られ、専門的な図鑑の解説は子ども向けに書かれてはいない。海岸に打ち上げられた貝は、僕に拾い上げられるまでに波でもまれ、日にさらされ、こわれたり、削れたり、白茶けていたりするものも少なくない。拾ってきた貝の名前調べは、簡単にはいかない。それでも、少しずつ、貝の種類を知り、覚え、見分けられるようになっていった。

館山の中でも僕が一番、貝殻拾いに通ったのは沖ノ島という名の陸繋島の海岸で、少年時代を通して、この島ではつぎのように合計二〇種類のタカラガイを拾うことができた。

メダカラ
チャイロキヌタ
ハナマルユキ
ハツユキダカラ
カモンダカラ
オミナエシダカラ
コモンダカラ
アヤメダカラ
シボリダカラ
クチグロキヌタ

ウキダカラ
ハナビラダカラ
キイロダカラ
ナシジダカラ
クロダカラ
サメダカラ
クチムラサキダカラ
アジロダカラ
カミスジダカラ
ホシキヌタ

種類が見分けられるということは、二〇種類のタカラガイの中にも、普通の種類とまれな種類があるということがわかるということだ。二センチほどの大きさの小型のタカラガイであるメダカラやチャイロキヌタなら、その状態さえ問わなければ、いつでも必ず拾うことができた。その一方で、やはり二センチほどのアジロダカラという種類は、少年時代を通じて一度だけしか拾うことができなかった。

生き物好きにも、どんな生き物が好きなのかはいろいろだ。鳥が大好きな人もいれば、虫にひかれる人もいる。しかし、対象がどんな生き物の仲間であろうが、「めずらしい生き物が見たい」という思いは、生き物好きには共通している。むろん、少年時代の僕は、めずらしい貝を拾うことを願っていた。図鑑を開いては、まだ見ぬ貝に思いを募らせ、夜、布団に入ってからは、沖ノ島の海岸で、めずらしい貝を拾い上げる夢を見た。

原点としての自然

少年時代の僕は、ただひたすらにめずらしい種類の貝を拾うことを夢見ていたのだけれど、なぜタカラガイに「普通」のものと「稀」なものがあるのかなどと、考えたことがなかった。普通と稀。つまり、タカラガイの種類によって、どのくらいの頻度で拾うことができるのかという違いの意味を知ったのは、大人になってからのことになる。

房総半島の対岸三浦半島で海岸に打ち上がるタカラガイについて、徹底的な調査を行った渡辺政美さんの報告がある。

渡辺さんは一年間にわたり、三浦半島の長浜海岸（約一〇〇メートル）で、打ち上げられる全タカラガイを拾い集め、種類ごとに集計を試みた。結果、のべ二〇六日の調査期間で拾い集めることのできたタカラガイは三〇種、九万九三〇七個体にのぼった。そのうち八七パーセントがメダカラで、つづくチャイロキヌタの九・一パーセントとあわせただけで、全体の九六・一パーセントにものぼる結果となった。この調査結果から、渡辺さんは三浦半島沿岸で定住しているタカラガイ類は、メダカラ、チャイロキヌタ、オミナエシダカラ、ナシジダカラ、ハナマルユキ、カミスジダカラ、ホシキヌタの七種程度ではないかと類推している。逆にいえば残り二〇種以上は、南方から幼生が流されてきて、一時的に生育している種類ではないかということだ。

この徹底的な調査にも、じつは定住しているタカラガイの種類はかなり限られているのではないかという結果にもたいへん驚かされたのだが、自分の体験にひきあわせ、確かになるほどと思えることがあった。少年時代、沖ノ島の海岸で二〇種類のタカラガイを拾い集めたと書いたのだけれども、じつはそのうちの一種類だけは、少年時代の僕にはどうしても名前を特定できないものだった。少年時代は、図鑑の中に該当するような種類が見当たらなかったため、タカラガイ科ではなく、近縁のウミウサギ科の貝ではないか？　とさえ思っていたものだ。この貝の正体がわかったのは、大人になり、さらに沖縄に移住してのちのことだった。

僕が少年時代に拾った、「謎のタカラガイ」は、沖縄近海ではごく普通に見ることのできる、キイロダカラだった。キイロダカラは二〜三センチほどの大きさのタカラガイで、新鮮な貝殻は、背にあたる部分がつやのある美しい黄色をしている。しかし、なぜ少年時代の僕が拾い上げた貝殻がキイロダカラとわからなかったかといえば、沖ノ島で拾った個体が、すべて幼貝ばかりであったからだ。タカラガイは丸っこい形をしている。裏面を見ると、周囲に歯のような突起のあるスリット状の殻口があいていて、生きているときは、そこから軟体部が出入りする。タカラガイはこのように特徴的な形をした巻貝であるのだが、それは成貝になったときの形である。幼貝は、成貝よりもずっと、普通の巻貝に近い形をしており、最初は殻口もスリット状ではなく、ほかの巻貝のように広く開いている。また、幼貝と成貝では、殻の模様もまったく異なっている。沖ノ島で拾ったキイロダカラは、殻の形は成貝になる一歩手前の状態のもので、殻の色も、キイロダカラの成貝のように黄色くなかった。そのため僕は、拾い上げた貝殻がキイロダカラとは判定ができなかったのである。そして、こんな幼貝しか拾えなかったのは、まさにキイロダカラの場合、南方から幼生が流されてきて成貝になりきれずに死んでしまうからだというわけなのだ。

小さなころから貝拾いに親しんできた僕であるので、タカラガイが貝貨として利用されていたことがあるのは知っていた（学生たちがどの程度、このことを知っているのかについては、この模擬授業の日まで知らなかったわけであるが）。しかし、その僕にしても、じつはどんな種類のタカラガイが貝貨にされていたのかということまでは、意識していなかった。そのことに気づいたのは、ごく最近のことだ。

この日の一ヵ月ほど前。千葉県立中央博物館で、貝と人とのかかわりをテーマとした特別展(「世界の遺跡から出土した貝」)があり、僕は実家に帰ったおりに、その展示を見に行った。食用として利用された貝塚の貝といった展示に含め、中国の昔の墓から出土した貝についての展示もなされていた。別に貝貨に興味があって、この展示会に行ったわけではなく、この特別展を企画した貝の研究者である黒住さんに声をかけられたので、会場に足を運んだということにすぎない。ところが会場に出かけてみると、わざわざ黒住さん自ら展示の説明をかってでてくれた。黒住さんは根っからの貝屋である。展示品の貝にまつわるあれこれを、熱を入れて話してくれる。そんな話の中で、中国の貝貨の調査についての話も聞くことになった。柳田國男への異論である。

著名な民俗学者である柳田國男はその著、『海上の道』の中で「秦の始皇の世に、銅を通貨に鋳るようになったまでは、中国の至宝は宝貝であり、中でも二種のシプレア・モネタと称する黄に光る子安貝は、一切の利欲願望の中心であった」と書いている。この文の中で、シプレア・モネタとあるのは、キイロダカラの学名だ。モネタという名は、お金を意味しているというから、まさに貝貨に使われていたことを表している。さらにまた柳田は、沖縄近海、とくに宮古の海に生息しているタカラガイの仲間が中国に渡ったのではないかとも唱えた。

しかし、黒住さんが殷の遺跡から出土したタカラガイの調査をしたところ、出土したタカラガイはキイロダカラが多く、ほかにはナツメダカラやメダカラ、ハツユキダカラといった種類が見られたのだという。一方、沖縄近海ではメダカラやハツユキダカラはまれであるし、沖縄近海でごく普通に見ることのできるハナマルユキという種類は殷の遺跡からはほとんど出土していない。つまり、黒住さんの見立てでは、これら貝貨となったタカラガイの出所は沖縄ではないだろうということだった。

三浦半島でタカラガイを徹底して拾い上げた渡辺さんの研究に習って、ごく簡易的な方法だが、沖縄の海岸で拾えるタカラガイの頻度を見てみたことがある。

沖縄島北部の海岸で、五分間の間、目につくタカラガイを片っ端から拾い上げ、集計してみた結果である。

ハナビラダカラ　五八個
クロダカラ　二〇個
メダカラ　四個
ホンサバダカラ　二個
ツマムラサキメダカラ　二個

ヤクシマダカラ　一個
ナツメモドキ　一個
ハナマルユキ　一個
サメダカラ　一個
カミスジダカラ　一個
スソヨツメダカラ？　一個

このような結果になった。神奈川の例と比べると、メダカラはまれで、チャイロキヌタはまったく拾えていないことがわかる。

僕は講評のときに、この貝貨の話を思い出し、その一部を学生たちに紹介した。「これは国語の教材だけれど、こうした話につなげると、社会の授業にもつながっていくよね……」とも。

このあと、自分の授業で大学一年生六〇名に対して、「貝貨に使われた貝はなんという貝だと思うか」というアンケートをとってみた。集計の結果、タカラガイと答えた学生は二名いた。まったくだれも知らないというわけではなかったのだ。が、残りの学生たちの答えは、「ムールガイ、シジミ、ホタテ、アワビ、アサリ、シャコガイ、アカガイ、ハマグリ、サザエ」等々と、とりあえず知っている貝の名を列挙したと思える回答になっていた。そしてそこに名のあがった貝は、食用とされる貝ばかりだ。貝というのは、一般に、そのような存在として認知されているわけである。

僕は今、少年時代にあこがれていた沖縄でくらしている。少年時代の僕に、「おまえは将来、沖縄に住むことになる」と耳打ちしたら、どんな顔をするだろうかと思う。しかし、少年時代にあれほどはまっていた貝殻拾いからは縁が遠くなってしまった。最近は、とんと、貝の夢も見なくなった。覚えていたはずの貝の名前もずいぶんと忘れてしまった。それでも、貝偏のつく漢字から、つい、こんなことを思い出し、考えてしまうのが僕である。

科学的な調査や分析とは縁がなく、少年時代の僕は、ただひたすらに貝を拾って歩き、その名前を知って満足していた。それでも、その思い出は体の奥底に染みついている。少年時代に拾った貝のいくつかは、まだ紙箱に入れられ、僕の手元に残っている。そんなささやかな思い出や貝殻は、こうしてひょんなおりになにかに結びつくことがある。南房総での貝拾いは僕の自然体験の原点としてある。

海を漂う貝

僕の自然体験の原点は、貝殻拾いにある。生き物を捕まえることに力を注ぐ人も、飼育をすることに情熱を傾ける人も、集めることにこだわる人もいる。僕の場合は、拾うという行為が体にしっくりくる。

貝を特別に好きな生き物屋は貝屋と呼ばれる。貝屋も、子ども時代は僕同様に貝殻拾いからその道に入っている場合が多い。逆にいえば、子ども時代に貝殻拾いに明け暮れた僕は、そのまま貝屋への道を進まなかった。少年の行動範囲というのはたかが知れている。しかも、僕はほとんど沖ノ島にばかり貝を拾いに行っていた。そのため、高校を卒業するころには、沖ノ島で拾える貝のおもな種類は、あらかたは拾いつくしてしまった（ただし、すべてを拾いつくしたわけではないが）。僕の貝への熱は、徐々に冷めていくことになる。

貝を専門に追いかける貝屋にこの点について聞いてみたことがある。

海岸に打ち上げられた貝を拾って集めるのは、入門者のやることだ。やがて、生きた貝を採集し、その貝を標本にするようになる。当然、美しい標本ができるし、生息環境などのデータも得られるからだ。しかし、この場合でも、採集しやすい場所のものから手元に集まるわけだから、最後は採集しにくい場所の貝が残ることになる。たとえば深海にくらす貝がそれだ。それも深い海であればあるほど得がたいことになる。数百メートルの深度でも潜るわけにはいかないから、特殊な漁法をしている船の混獲物を狙うか、調査船などに乗って特別な仕掛けをかけるか。つまり、深い海底にくらす貝はいずれも個人の力では入手しにくい。いきおい、そうしたところの、しかも美しい貝の場合は、高価となる。ところが、お金をどれだけ持っているかは、生き物がどれだけ好きかとはまた別の問題だ。

そこで、たとえば深海の貝をあきらめる代わりに、専門を陸貝……つまりはカタツムリにしたりするのだという。カタツムリは移動能力が小さいため、地域ごとに固有の種類が見られたりする。どんなに辺ぴなところにすむ、まれな種類であっても、深海とは違って陸の場合は、なんとか到達することができる……というわけである。

僕の知り合いの貝屋である黒住さんの場合は、ほかの貝屋があまり手を出さないような領域の貝を積極的に調べている。それは、貝塚の貝だ。人が食べたゴミ捨て場である貝塚の貝は、コレクションの対象としてはきれいな状態ではないし、同じ種類がたくさん出てきたりするのでおもしろさに欠けるように思ってしまう。しかし、ていねいに貝塚の貝を調べていくことで、さまざまなことがわかるのだという。

少年時代の僕も、得がたい貝にあこがれていた。ひとつは館山よりもずっと南の海にすむ貝。ひとつは深海にくらす貝。そしてもうひとつが、海を漂う貝だった。

僕が一〇歳のころの冬。僕は海岸で、友だちの拾い上げた貝をひとつ、譲り受けた。それは、全体が青い色をした貝、7章扉ルリガイだった。ルリガイは殻が薄く、殻口が広くあいた巻貝である。貝にはさまざまな色や模様を持つものがあるが、青い色をした貝というのは数少ない。それに、殻が薄く、きゃしゃな感じのするこの貝は、ひとめで僕を魅了した。また、ルリガイを拾ってみたい。そう思い続けていたのだが、けっきょく、少年時代を通して、これがルリガイとの唯一の出会いだった。

ルリガイが拾い難かったのは、ルリガイのくらしとかかわっている。ルリガイは、一生を自分でつくった泡の筏の下にぶらさがり、海面を漂ってくらす巻貝なのだ。少年時代にルリガイをなかなか拾えなかったのは、僕がよく貝殻を拾いに行った沖ノ島が、黒潮の影響下にあったとはいえ、やや内湾に位置していたため、外洋を漂ってくらす貝が、海岸へと吹き寄せられることがまれだったからだ。それに気づいたのは、社会人になってからのことになる。それまで館山の海岸にばかり拾いものに出かけていたのだが、外洋に面した茨城県・波崎海岸に拾いものに行くようになったら、ルリガイの大量漂着にいきあう機会があったのだ。それこそ、広い砂浜の汀線に沿って、青いラインがひかれたようにルリガイが打ち上げられていた。

ルリガイのように、外洋表層でくらす生き物には特別の呼称がある。海中を漂ってくらす生き物はプランクトンと呼ばれる。魚のように海中を自力で遊泳する生き物はネクトンだ。外洋表層……水中と空中の境界で生きる生き物は、ニューストンと呼ばれている。

外洋表層でくらす貝、つまりはニューストン7章扉に含まれる貝には、ルリガイの仲間であり、ルリガイ同様、薄く青い貝殻を持つヒメルリガイやアサガオガイなどのほか、カメガイと呼ばれる独特な形の貝殻をも持った巻貝の仲間、さらには、タコの仲間であるのにもかかわらず、メスが貝殻をつくるタコブネやアオイガイなどさまざまな種類がある。少年時代の記録を見返すと、ルリガイ同様、ニュートンの貝は館山では拾いにくく、カメガイの仲間も一度しか拾ったことがなかったし、アオイガイやタコブネもそれぞれ五回しか拾い上げたことがなかった。僕にとってはニュートンの貝たちは、あこがれの貝たちであった。

先に書いたように、僕は高校を卒業し、館山をあとにしたことを境に、貝拾いにはそれほどの情熱を持たなくなってしまった。しかし、自然とつきあうときのスタイルとして、「拾う」ということは僕の体にすっかりと染みついてしまっている。これも先に書いたが、打ち上げられた貝殻を拾うのは、貝屋にとっては初歩も初歩の行為にすぎない。僕は生きた貝を採集し、煮て肉を取り出して標本にするということまでしてコレクションを増やす気にはなれなかった。ところが、打ち上げられた貝殻を拾うというスタイルで、できることがまだあることを、僕は沖縄に移住してから知った。なんといっても、生き物はいろいろいるし、世界にはいろいろなところがあるわけだから。

海のただなかに浮かぶ沖縄島では、海岸を歩くと、打ち上げられたニュートンにしばしば出会う。とくに夏の台風と、冬場の季節風が吹き荒れたあとの海岸が狙い目である。いつもというわけではないが、そうしたときにしばしば、波打ち際に打ち上げられたニュートンたちで青いラインができる。おもな構成種はアサガオガイやクラゲの仲間でやはり体の青いカツオノエボシ、カツオノカンムリといったものたちだ。こうしたニューストンは、たまたま海岸に漂着したものを拾い上げるほかに採集方法がないわけだから、採集方法に関していえば、僕が小さいころから親しんだ方法で十分なものなのだといえる。

ニューストンたちがくらしているのは、海の中の外洋表層である。岸から眺める水平線のそのまた向こうに茫漠と広がる大洋が彼らの生活場所だ。僕らが彼らに出会う渚は、彼らにとっては彼岸である。打ち上げられたルリガイやカツオノカンムリなどは、なすすべもなく死に至る。彼らと僕らはまったくすむ世界を異にしているのだ。そうした異世界の生き物たちに出会う、扉のような存在が、それと知らずに隠されている。

異世界への扉

沖縄島の海岸で、打ち上げられたニューストンを見ているうちに、おもしろいことに気がついた。青い貝やクラゲに混じって深海魚が打ち上がっていることがある。打ち上げられるのを見るのはおもにハダカイワシの仲間である。目玉の大きな小魚で、体の下部に種によって配列が特徴的な、発光器が並んでいる。ハダカイワシというのは、鱗がとれやすいイワシのような小魚という意味であるのだが、ハダカイワシの中でも鱗のとれやすい種類と、とれにくい種類の両方がある。一般には魚屋で姿を見ることがないので知名度は低いだろう。ただ、高知県などではスイトウハダカという種類を干物にして食べる。かなり脂っこい干物だ。また、ハダカイワシは種類の多いグループだが、個体数も多く、たくさんの海の生き物たちの餌になることで、間接的に人間の食卓をにぎわせているともいえる。たとえば八丈島近海での調査では、キンメダイの主要な餌はハダカイワシ類であることが報告されている。

僕は、これまでに、沖縄島やその近海の島々の海岸を歩き回るうち、トンガリハダカ、イバラハダカ、マガリハダカ、アラハダカ、ゴコウハダカ、ツマリドングリハダカ、ナガハダカといった種類の漂着個体を見つけることができた。このうちもっとも頻繁に打ち上げられた個体を見るのは、体長一〇センチほどのアラハダカだ。沖縄の早春は北西風が吹いているので、沖合からの打ち上げ物は島の西海岸に多い。とくに沖縄島西方に浮かぶ渡名喜島は、三月ごろに訪れると、必ずといっていいほどハダカイワシの漂着を見ることができる。明け方、まだ暗いうちにライトを持って波打ち際を歩く。すると、ライトの光に、打ち上がったばかりの深海魚の目が反射する。その光を見るのは、なんともいえない瞬間である。僕にとって渡名喜島の海岸は深海の渚だ。

最初は深海魚が海岸に打ち上がっている理由がよくわからなかった。が、観察をし、調べているうちに理由がわかる。深海魚といっても生息深度はいろいろである。深海魚の中でも中深層と呼ばれる比較的浅いところにすむハダカイワシの仲間は、昼間は水深数百メートルの中深層にとどまっているが、夜間には海面近くまで上昇し、プランクトンを摂食する。このとき、なんらかの理由で弱るか死ぬかして、海岸に打ち上がるのである。沖縄の島々は、すぐ沖合の海が外洋であるため、深い海の魚が打ち上がりやすいということなのだ。深海の生き物は、少年時代の僕にとっては、南の島の生き物たちよりも、はるかに見ることがむずかしい、幻のような存在だった。それが足元に落ちていることに、何度見ても、新鮮な驚きを感じる。

沖縄に移住し、それまで別世界の生物だと思っていた深海魚が、限られた種類であるとはいっても、身近になった。深海に潜る特殊な潜航艇は、特別な人しか乗船することができない。しかし、少し視点をずらせば、歩いて回る範囲で深海に接することができるわけだ。春先の沖縄の海岸も、外洋表層という、普段、行くことのできない世界の住人たちを垣間見ることのできる異世界への扉である。僕は、こんなふうに、身近に潜む、異世界への扉を探し出してみたいとつねづね思う。

深海へとつながる扉は、ほかにもある。移住するまで知らないことだったけれど、沖縄島はじつは化石の宝庫である。沖縄島中南部は石灰岩地であるけれど、この石灰岩は五〇万年前以降のサンゴ礁の化石だ。この石灰岩の下に、クチャと呼ばれる灰色の粘土層が積もっている。

これは一〇〇〇万年前から一五〇万年前にかけて中国大陸から流れてきた泥が堆積した島尻層と呼ばれる地層で、含まれている化石を見ると、やや深い海底で堆積したことがわかる。夜間中学の生徒たちに話を聞くと、クチャに含まれる粘土は粒子が細かいため、かつては洗髪剤として使われたという。沖縄ではそれくらい身近な存在であるのだ。実際、僕の大学の校舎建設のおり、工事現場をのぞいてみたら、クチャが露出していた。そのクチャのカケラを注意して見ると、化石が含まれている。数は少なく、壊れているものが多かったのだが、深海生の二枚貝が含まれているのは判別できた。

沖縄島中南部にはクチャは広く分布しているが、含まれている化石の量は、場所によってずいぶんと違う。数年前、僕の家から歩いて五分ほどの丘が、道路建設のため切り崩されることになったのだが、その工事現場でも、数は少ないものの化石が見つかった。切り崩されたクチャの崖から洗い流された化石が、崖の下の平たん部に点々と落ちているので、それを拾って歩く。一番多く見つかるのは有孔虫という単細胞のプランクトンの殻だ。有名な星砂もこの有孔虫の仲間であるが、崖下に転がっているものは、星砂とは異なった形をしている。こうした化石の中で、僕の目をひいたのは薄い貝殻の殻のようなものだった。しかし、どうやら貝殻とは質感や形状が異なるように思えた。しばらく拾ったものとにらめっこをしているうちに、深海性の有柄フジツボ類であるミョウガガイの殻ではないかと思いついた。よく海岸に打ち上がる流木の表面に、肉質の柄の先に貝のような殻がついているエボシガイと呼ばれる生き物が群生しているのをよく見かける。まだ打ち上がったばかりのエボシガイは、貝殻状の殻のすきまから、肢を出し入れしたりしている。エボシガイは貝ではなく、カニやエビと同じ、甲殻類であるのだ。エボシガイは、固着した生活を送りながら、肢を使ってプランクトンを摂取してくらす生き物だ。流木などに固着しているエボシガイもまた、ニューストンであるわけだが、このエボシガイに近い仲間で深海生の種類にミョウガガイがある。図鑑で見ると、ミョウガガイは深海にすむカニの甲羅の上などに固着していたりする。

僕の見つけた化石は知り合いの化石研究者の手を介して、ミョウガガイの化石の研究者の手にわたり、ほんとうにミョウガガイの化石であることが確認された。私信によると沖縄では二例目の発見になるのだとか。こんなふうに、しばらくの間、僕は家から深海まで歩いて散歩に出かけることを楽しんだ。もっとも、工事の終了とともに、深海の生物の化石を含んだ崖はすっかり更地にされ、ただの道路が広がることになるのだが。

工事が終わるまでの一時、何度か深海散歩に出かける。そこで、長径五・五ミリほどの平べったい形状の化石も拾い上げる。これも、貝殻とは質感が異なっている。また、ふちにはぎざぎざがある。これは魚の耳石だ。人間の耳の中には三半規管という平衡感覚をつかさどる器官がある。魚にも同じように耳の中に平衡感覚をつかさどる器官があって、その中に耳石と呼ばれる炭酸カルシウムの結晶構造が左右一対ある。その気になれば、家の冷蔵庫に入っている煮干しやアジのひらきからでも、耳石は取り出すことができる。より正確にいうと、扁平石、星形石、礫石の三種類の耳石が一対ずつあるのだが、たとえばアジのひらきの頭部から耳石を取り出す場合、目にとまるのは、一番大きな扁平石だけだろう。

耳石の研究者である大江先生によれば、ハダカイワシには、夜間深海から海面まで上昇する種群と、上昇しない種群があるのだが、両者では同じ属と呼ばれる分類群に属していても、耳石の形に大きな違いがあるという。つまり行動と耳石の形にはなにかしらの関係性があると考えられている。耳石は体の中のごく一部を占める器官なのだが、魚の種類によって違うといっていいほど、形態に多様性がある。また、リン酸カルシウムからなる魚の骨が化石として保存されにくい場合でも、炭酸カルシウムからなる耳石は化石として残される場合が少なくない。こうしたことから、耳石を専門とする研究者が存在しているのだ。僕が家の近くの工事現場で見つけた耳石化石も、さっそくそうした研究者の一人である大江先生の下へと送付して、種類を判別してもらった。結果、クロシオハダカであるという返信をいただく。

僕の家の近所の工事現場はもっとも身近な深海散歩の場所であったが、地層に含まれる化石はごく少数だった。沖縄島と橋でつながっている中部の宮城島の場合、なんらかの理由で広い土地の土砂が削り取られた跡地が残されていて、その崖から洗い出された化石が、平たん地に点々と落ちていた。家の近くの工事現場とは比較にならないほどの頻度で化石が見つかるので、ひざまずいたまま、小さな化石をえんえんと拾い集めることができたほどだ。ここで拾い集めた耳石を、やはり大江先生の下へと発送し、鑑定をしていただく。一〇四個の耳石化石は、鑑定の結果、二三種に同定された。そのうち一番多かったのは、スイトウハダカの二六個である。このほかヒロハダカ、サガミハダカ、クロシオハダカといったハダカイワシの耳石が見つかった。ハダカイワシ以外では、ホシヒゲ、ヤリヒゲ、ミサキソコダラ、マンジュウダラといった、いかにも深海魚的な風貌をしているソコダラ科の魚のほか、ヒウチダイ、スミクイウオの一種、シロアナゴなどの耳石も見つかった。

宮城島の崖下で耳石を拾い集めていると、貝化石が含まれているのにも気づく。そのうちのひとつは、特徴的な形で、すぐに「それ」とわかるものだった。チマキボラという、図鑑でおなじみの、しかも海岸ではついぞ拾い上げたことのない貝だ。チマキボラは巻貝なのだが、その貝殻は、どことなくシュールな形をしており、たとえるとダリの絵画に登場するような雰囲気がある。このチマキボラは深海生で、本によれば、水深一〇〇〜三〇〇メートルにすむとある（ただし、宮城島で見つかる化石のチマキボラは現生種とは別の種類とされていてサッチェリア・グラダタという学名がつけられている）。が、同様に深海の貝であることは確かだろう。

少年時代にあこがれていた深海の貝を、僕は「拾い」上げることができたのだ。見つかる貝化石の中でチマキボラの仲間は比較的大型なのだが、一緒に見つかるほとんどの貝はずっと小さなものだ。これらの貝も拾い集め、愛知学院短期大学の田中利雄先生の手を介して、微小貝の専門家の城政子先生に見ていただくことができた。同定結果のリストをもとに、それらの貝の生息深度を図鑑で調べてみる。

ワタゾコチョウジガイ	水深一〇〇〜二〇〇メートル
ヨコヤマオリイレシラタマ	水深五〇〜二〇〇メートル
オオトゲニナ	水深九〇メートル以浅
ヒメホネガイ	水深一〇〇〜一五〇メートル
ワタゾコムシロ	水深四〇〇〜八〇〇メートル
タオヤカツクシ	潮間帯〜水深五〇メートル
リュウグウコゴメ	水深二〇〜五〇メートル
イササコンゴウボラ	水深二〇〇〜五〇〇メートル
ビロードコロモ	水深五〇〜二〇〇メートル
ウネダカモミジボラ	水深一〇〜五〇メートル
トガリクダマキ	水深二〇〜二〇〇メートル

テンジクダマキ	水深一〇〇~二〇〇メートル
サワムライトカケ	水深一五〇~四二〇メートル
ジュズカケタクミニナ	水深五〇~一五〇メートル
カワモトキジビキガイ	水深一〇メートル
ナカヤマキジビキガイ	水深一〇〇~二〇〇メートル
ワラベマメウラシマ	水深一〇〇~三〇〇メートル
ワタゾコブドウガイ	水深二五〇メートル
カワムラロウバイ	水深一〇〇~二〇〇メートル
ナミジワシラスナガイ	水深五〇~二〇〇メートル
ハナヤカツキヒ	水深一〇〇~五〇〇メートル

見つかった貝の生息深度にはややばらつきも見られるが、一番、多く見られる貝の生息深度はおおむね水深一〇〇~二〇〇メートルといえる。それよりも浅いところにすむとされる貝は、深い海底まで流されてきたもののもあるのかもしれない。

耳石化石の正体にせよ、深海にすむ微小貝の名前にせよ、僕が自力で判別できたものではない。それぞれの専門家に助力を仰いで、その名前を知った。

なにかを拾う。その名前を知る。
小学校のころの僕と、やっていることの基本はなんら変わらない。それでも、そんな方法で、異世界への扉を押し開けることができる。

だれでもできること

異世界への扉は、思わぬところに潜んでいる。そして、その扉の存在に気づくきっかけもまた、思わぬところに潜んでいる。

「貝殻拾いって、だれもがついやっちゃいますよね」

知り合いの編集者が、会話の中でこんなひとことを発した。

あらたな異世界への扉への気づきは、このひとことが始まりだった。

自然は特別な人のためのものではない。「だれもがやれてしまうようなことで自然とつきあえるというのは、大事なこと」とつねづね思っていただけに、このひとことには意表を突かれた。そして、どんなに身近な自然でも、どんなに手軽な方法でも、相手が自然であれば、思わぬ世界に通じることのできる可能性が、そこにある。

「そうか。貝殻拾いにはまだ、あらたなおもしろさがあるかもしれない」

そう思う。

この編集者のひとことをきっかけに、もう一度、貝拾いを本格的に再開してみようと僕は思った。ただ、少年時代のころのように、ひたすらに、たくさんの種類を拾い集めることを目標にしても意味はない。

なぜ貝殻を拾うのか。

貝殻を拾って、なにかが見えてくるのか。

そんなことを考えてみる。

これまた思わぬことに、あらたな貝殻拾いのヒントは、少年時代に拾い集めた貝殻コレクションの中に隠されていた。

少年時代に拾い集めた貝殻のうち、「これは」と思う種類……たとえばめったに拾うことのできなかったタカラガイの仲間など……は、紙箱に入れられ、僕の行く先々にともにあった。一方、そうして選ばれることのなかった貝殻は、実家の軒下に放置されることになった。もう一度、貝殻拾いを見直してみようと思ったとき、僕は、そうして放置され、半ば雨ざらしになっていた貝殻をかきわけ、いくつか特徴的な貝殻を取り上げ、沖縄に持って帰ることにした。

このとき、まず気づいたことがある。それは、「貝殻は丈夫だ」ということだ。少年時代に拾い上げ、その後、軒下に放置されていたのにもかかわらず、貝殻の形は崩れておらず、色もそれほどあせていなかった。耐水インクで貝殻に直接書き込んであったデータもまだ読み取れた。さらに雨ざらし状態から「救出」してきた貝殻のひとつを、沖縄に戻ってまじまじと見たら、気になる二枚貝がひとつあることを発見してしまう。

擦り切れた二枚貝の片方の殻で、白くさらされた貝殻は、さらにねずみ色にうっすらと染まっていた。二枚貝にしては殻の厚い貝だ。書き込まれたデータには一九七五年一二月一三日沖ノ島とあったが、僕自身にはこのような貝殻を拾い上げた記憶はまったくなかった。少年時代につけていた貝殻採集の記録ノートを見返してみたが、当日の記録にも、該当する貝の記述はなかった。「うすよごれた二枚貝」として、さほど当時の僕は注目しなかったということだろう。

少年時代は拾い上げたことさえ認識していなかったこの貝は、あらためて図鑑で調べてみると、ハイガイという名前の貝であった。ハイガイというのは、殻の厚いこの貝を焼いて、石灰をつくったことによっている。興味深いことは、この貝の分布地が図鑑によると、伊勢湾以南となっていることだ。つまり千葉は、本来の分布地よりも北に位置する。そんな貝が、なぜ僕の貝殻コレクションに含まれていたのだろう。

じつは、ハイガイは、今よりも水温の高かった縄文時代には館山近辺にも生息していた。そのころの貝殻が、地層から洗い出されて海岸に打ち上がっていたわけだった。

これが、僕のあらたな貝殻拾いの視点のヒントとなる「発見」だった。貝殻は生き物そのものではなく、生き物のつくりだした構造物だ。そのため、かなり丈夫だ。それこそ、数千年前の縄文時代の貝殻が、海岸に転がっていても、現生種の貝殻とすぐには見分けがつかないほどに。貝殻は丈夫であるので、時を超えることができる。（図7）

すなわち、「貝殻拾いをすると、タイムワープができるのではないだろうか」……それが僕のあらたな貝殻拾いの視点となった。

消えた貝を探して

そんな目で探してみると、「今はいないはずの貝」があちこちで拾えることに気がついた。それは、いったい、いつごろの貝か。そして、なぜ、その貝はいなくなったのか。

たとえば少年時代に僕が雑誌の紹介記事を読んであこがれた南の島が西表島だ。イリオモテヤマネコで有名な「原始の島」というイメージのある島であるが、その一方、古くからこの島には人々が住みついていた。そのため、西表島の海岸には、ところどころ貝塚が見られる。そうした貝塚の貝は、それこそ小さなころの僕が図鑑で見てあこがれたような貝……大型のタカラガイであるホシキヌタや、重厚なラクダガイ、これも大型の二枚貝であるシャコガイ類など……ばかりで、ついためいきをついてしまうのだが、それらの貝に混じってたくさんのセンニンガイの殻が見られる。センニンガイはマングローブ林に生息する、細長い巻貝だ。貝塚から見つかるということは当然食用にされていたというわけだが、現在の西表島のマングローブ林では、このセンニンガイは一切見つからない。黒住さんによると西表島や石垣島からは、センニンガイは一七世紀以降、消滅したと考えられるという。どうやら人間の採取圧によって、個体数を減らし、ついには絶滅してしまったと考えられている（現在でも東南アジアに行くと、センニンガイを見ることができる。江ノ島などの観光地に行くと、外国産の貝殻の盛り合わせがパックされて売られているが、ときにこの、外国産のセンニンガイが含まれているパックも目にする）。

こんなふうに、人間の影響によって、地域で見られる貝が変わっていく。その移り変わりの歴史が、足元に転がる貝殻から見える。

そうした視点で貝殻拾いを始めたとき、僕は少年時代に拾えなかった貝があることにようやく気づいた。「なぜその貝がそこに落ちているのか」という問は、解決できるかどうかは別として、容易になしうる問だ。しかし、「なぜその貝がそこに落ちていないのか」という問は、その問に気づくこと自体が困難である。

僕は貝殻の拾いなおしをし始めたことで、少年時代の自分の貝殻コレクションに、ハマグリが含まれていないのに初めて気づいたのである。ハマグリといえば、貝の名前をあまり知らない生徒や学生でも、「知っている」貝だろう。しかし、そんな貝を、少年時代にせっせと貝殻拾いに通っていたはずの僕が拾ったことがなかった……ただの一度も拾い上げたことがなかったのだった。それはなぜか。そして、どこに行ったらハマグリが拾えるのか。その謎解きが僕のあらたな貝殻拾いのひとつの目標となっていった。

かつて東京湾はハマグリの名産地であった。明治初期、東大の初代の動物学教授として来日したエドワード・モースは横浜から東京に向かう列車の窓から貝塚の存在に気づき、日本で初めての貝塚の発掘調査も行う。世に有名な大森貝塚の発見だ。この大森貝塚から出土する貝に、多数のハマグリがあった。それどころか、モース自体が明治期の大森海岸で見られる貝の調査記録も残していて、そこにもハマグリは一般的に見ることができると記されている。東京湾におけるハマグリの消滅はさらに時代を下って、一九七〇年代であるといわれている。けっきょく、僕は東京湾、愛知県の桑名（「そうは桑名の焼き蛤」で有名）、九州の宮崎と歩き回り、宮崎のとある川の河口で現生のハマグリの殻を拾うことができたのだった。

こうしたタイムワープを念頭においた貝殻拾いを始めると、それまでと違った風景が目にとまるようになる。

那覇港から約一時間の船旅で渡嘉敷島に着く。埼玉の高校の修学旅行生がこの島にやってきた。その修学旅行生の自然体験の手伝いで、海岸の生き物観察をガイドすることになる。その下見のときのこと。潮の引いた海岸で、潮だまりの中にどんな生き物が見られるのかをチェックする。そんなことをしていたら、砂浜にシャコガイの仲間やサラサバテイという大型の貝がいくつも落ちているのに気がついた。海から打ち上がったにしては不自然だ。貝の様子は、どうも人間が利用して廃棄したもの、つまりは貝塚由来のものに思えた。大型のハチジョウダカラも見つかるが、丸っこい背の部分の殻が壊れている。これも人が打ち欠いたもののように思える。そこで海岸の背後の砂丘の斜面を登ってみると、砂丘の一角に貝殻がたくさん埋まっている場所があり、砂浜の貝はそこから洗い出されたものと思われた。やはり貝塚だ。そのとき、気になるものが目にとまった。長径七五ミリもある、大型のカサガイの仲間が砂の中から顔を出していたのだ。

すぐに種類は特定できなかった。しかし、こんな大型で殻の厚いカサガイを僕はそれまで拾ったことがなかった。オオツタノハという貝の名前が頭に浮かぶ。しかし、確か以前、黒住さんの話では、沖縄の島々にはすんでいないということではなかったか。

半信半疑の思いで、僕は見つけた貝を博物館の黒住さんの下へと発送した。折り返し「驚きました……」という返信がくる。ほんとうにオオツタノハであったのだ。黒住さんはさっそくオオツタノハの調査のため、チームを組んで渡嘉敷島に渡った。この調査には残念ながら参加ができなかったのだが、調査結果はのちに動物考古学研究集会で僕も連名の一人として発表された（「沖縄諸島の先史遺跡で初めて確認されたオオツタノハの生息」黒住ほか 二〇一一）。考古学の集会で発表されたのは、この貝が縄文・弥生時代には、腕輪（貝輪）の原料とされ、珍重され、各地の遺跡から出土するからである。一方で、遺跡から出土するオオツタノハがどこに生息しているものであるのかについては、長い間、謎が多かった。このときの発表の要旨を一部引用すると以下のようだ。

「オオツタノハは、先史時代を中心に貝輪に利用される殻長8㎝程度の大形のカサガイで、その生息域は限定されている。沖縄諸島では、現生の生息は確認されず、また遺跡からも原材料の貝殻も加工後の廃棄破片も全く報告されてこなかった。つまりオオツタノハは、先史時代以降、沖縄諸島には生息していなかったと考えてきた。ところが、盛口は沖縄諸島の渡嘉敷島でオオツタノハが多数、海岸部に存在することを確認した。（中略）今後のオオツタノハ自体の年代測定に依らねばならないが、約4000年より前にオオツタノハが採集された可能性も高い……」

のちに、考古学方面からオオツタノハを研究テーマとして追跡してきた忍澤成視さんから話をうかがう機会も得た。忍澤さんは、考古遺跡から出土する貝輪としてのオオツタノハの調査を行うだけでなく、現生個体を求めて伊豆諸島や琉球列島に足しげく通い、これまでオオツタノハの生息が確認されていなかった島々からもつぎつぎにオオツタノハが生息していることを見つけ、縄文時代の貝の交易ルートを明らかにしつつある人である。東日本の遺跡から出土するオオツタノハ製の貝輪は、三宅島や御蔵島といった伊豆諸島で採取され本土に持ち込まれた。オオツタノハは、岩礁地帯に生息しているのだが、きわめて潮通りのいい場所……つまりは波の荒い場所……の、それも大潮時でさえ足元を波が洗うような岩場にしか生息していないため、その発見、「捕獲」は命がけにすらなるという。忍澤さんは、著述の中で貝類であるオオツタノハに対して「捕獲」という言葉を使うのは、「干潟に生息するハマグリやアサリを〝採集〟するのとは、その難易度が全く異なるためである。激しい潮の流れと荒波との格闘なくして、オオツタノハを手に入れることはできない。まさに捕獲という言葉がふさわしい」と記述している(忍澤さんのオオツタノハ〝捕獲〟シーンの動画を見せていただいたが、まさにこの文章に書かれているとおりであった)。オオツタノハが貝輪として重宝されたのは、ほかの貝には見られない素材の特性(形、色など)もさることながら、「ごく限られた島しょ域にしか生息しないという希少性があったからに違いない」と忍澤さんは指摘している。

貝殻を拾い集める。

だれでも簡単にできる、そんなことからも、異世界への扉を開けることができる。そして、普段とは異なる時間軸で、ものを見ている自分に気づく。

第8章

モザイクとしてある自然

カメムシタケ

二つの原風景

人生の中で、原風景と呼べるものは、せいぜい二〇歳ぐらいまでに形成されるものだろう。その後の人生で、どんな自然環境に出会おうとも、僕らはそれらの自然を自分の中にある原風景と比較して位置づける。

そんな原風景の中にも、「身近な自然」と「遠い自然」と呼べるものがあるのではないか。そんなふうに思う。少なくとも、僕の中にはその両者がある。

貝殻拾いに明け暮れていた少年は、やがて虫や植物、キノコなど、ほかの生き物たちにも興味の触手を伸ばし始めた。大学進学時。生き物のくらしを追う学問、生態学を学べる大学に行きたいと考えた。できれば昆虫など、小動物のくらしを研究できないかと。しかし入学した先の大学の生物学科には、植物生態学研究室しかなかった。森の木々の研究。それが大学での研究テーマとなった。

大学三年生のとき、一年先輩の卒論研究生の調査補助が募集された。期間は夏休みの二カ月間。フィールドは屋久島のスギ林だ。当時の環境庁による、屋久島の原生自然の総合調査が行われた。僕の在籍していた千葉大学生物学科は、その屋久島調査ではスギ林の生態学的調査が担当だった。

九州の南方海上に浮かぶ屋久島は周囲一三二キロのほぼ円形の島だ。最高峰は一九三五メートルの宮之浦岳で、九州南方に位置するのにもかかわらず山頂部では冬期には積雪が見られる。屋久島の海岸沿いはガジュマルなど、沖縄とも共通する亜熱帯性の植物が生い茂り、標高を上げるにしたがい、照葉樹林、スギ林、風衝低木林に覆われる山頂部まで植生が変化する。豊かな降水量にも恵まれることから、屋久島からは、三八八種ものシダ植物、一一三六種にのぼる種子植物が記録されている。屋久島の植物でもっとも有名なのは幹の胸高周囲が一六メートルあまりにもなる縄文杉だろう。僕が大学時代に調査の手伝いとして入山をしたのは、花山と呼ばれる標高一二〇〇メートルほどに位置するスギ林で、屋久島の中でも登山者の姿を見ることが少ないところであった。森の中で、スギはどのように子孫を残し、育っていくのか。それが調査のテーマであった。まず森の一角に一〇〇×一二〇メートルの調査区を設け、さらにその中を五メートル四方に区切り、その枠内の木々の樹種、位置、太さ、高さ、葉の茂っている範囲などを地図上に記録していく。森の中では長い年月をかけて、木々の交代劇が行われている。寿命で枯死したり、台風で倒れたりした木があると、森の中にぽっかりと明るい場所ができる。これを生態学用語ではギャップと呼ぶ。ギャップができると林床にまで十分な光が注ぎ込むことになる。すると、それまで暗い林床では育つことのできなかった木々の稚樹たちが、一斉に伸び上がることになる。もっとも、雨の多い屋久島では、ただ林床に落ちた種子は、雨によって流されてしまったりする。そうした屋久島においては、たとえば老いて倒れた木の苔むした幹の上に落ちた種子のほうが、確実に生き延びる。すくすくと伸び始めた木々の稚樹は、やがて稚樹どうしで光取りの競争が始まり、なかには成長がうまくできず枯死してしまうものも現れる。もちろん、実際のこうした森の交代劇は長い年月がかかるので、普通に考えれば、人間の時間では、その一切の過程を見て取ることはむずかしい。が、ある程度、広い面積の森を調査することができれば、ギャップから始まり、もとの老成した森まで戻るさまざまな過程にある、パッチを見つけることができるはずだ。ひとくちで森とはいっても、実際の森はこうしてギャップからの時間を異にしたパッチがモザイク構造をつくっている。そのモザイク構造を読み取り、時間軸に沿ってパッチを並べなおし、木々の交代劇を明らかにする……というのが、当時の僕たちの研究手法と目的だった。そのため、親木のマッピングや戸籍調査を一通り終えると、今度は、木々の稚樹がどんなところに生えているのかを、文字どおり林床にはいつくばり調査していった。

調査地は、林道の端から二、三時間ほど歩いた先にあった。そのため、調査地にテントを張り、食料や調査用具も運び上げ、一度森に入ると二週間は森の中にい続けて調査をし、その後一度山を下りて風呂に入り（つまり、風呂に入るのは二週間に一度の割合だった）、食料品を買い集めてまた森に入る……ということの繰り返しを続けた。たいへんだったのは、梅雨時期の雨続きの中、二週間連続、風呂にも入らず、着替えもせず（湿度が連日一〇〇パーセント近い屋久島山中では、着替えたところで、濡れた服を洗濯し乾かすすべがなかった）、テント生活を続けたことだった。それとインスタント食品だけに頼った食生活。これは二週間分の食料を人力で担ぎ上げるわけなので、持って上がることのできる荷の重量に限度があったためだ。

それでも、屋久島の森の中に居住した経験は得がたいものであった。周囲は緑に苔むした樹齢数百年から数千年にもなる巨木の森。樹脂に富む屋久杉は、枯死したのちも数百年の時を超えて、その骸を森の中にたたずませていた。人間の時間を超越した生き物たちに取り囲まれてくらす日々。一緒に調査に森に入った先輩や同級生以外は、終日、ほぼまったく人の気配はしなかった。

屋久島に調査補助として入山することを決めたとき、僕はひそかに考えていることがあった。それは屋久島の博物誌を書く（描く）ということだ。

少年時代にいだいた僕の夢のひとつは、『地球全生物図鑑』を作成することだった。屋久島の博物誌を書きたいというもくろみも、この夢の延長線上にあるものといえる。少年時代に『地球全生物図鑑』の作成の試みがついえたのは、地球上に何種類の生き物がいるのかを知らなかったという僕の無知に一番の原因があるけれども、加えて僕はせっかちだった。『地球全生物図鑑』にとりかかるにせよ、あきらめるにせよ、それは一年、二年の取り組みで、どうなるものではなかったのだ。

『地球全生物図鑑』への思いが、まるっきりなくなってしまったわけではなかった。しかし、自分が書きたいものは、図鑑ではない……ということも、少しずつわかってきた。僕が書きたいのは、図鑑ではなく、博物誌なのだ。さすがに『地球博物誌』を書くという思いまでは確定できなかったけれど、まずは自分が滞在する機会を得た屋久島で、自分の思いを形にしてみようと、僕は思った。そこで、二カ月の調査期間で、できる限りの生き物を自分の目で見、その形をスケッチにおさめ、『屋久島博物誌』なるものを書き上げることを目標に入島した。もっとも期間は二カ月に限定されている。とうてい屋久島の全生物を見ることなど、不可能であるわけだが。

昼間はひたすら森の中で木に抱きついて太さを測り、林床をはいつくばって稚樹を探すという日々だったが、それでも昼飯後の少しの時間だとか、夜、テントに戻ってから寝るまでの間とかに自分のための時間は確保できた。夜、テントの中ではロウソクの光がスケッチをするための光源だった。画材としたのは、フィールドノートとして使用していた硬い表紙のコクヨの測量手帳と、ロットリング社の製図ペンである。二カ月の間には、数日だが、休日ももらえて、その間は山頂部に屋久島固有の高山植物のスケッチに出かけた。二週間に一度の下山日には、途中の登山路で見つけた生き物や、海岸沿いのベースキャンプ（廃校になった小学校）周辺で見つけた生き物がスケッチ対象となった。結果、葉っぱ一枚だけのスケッチも含め、合計三三三種の生き物のスケッチを描くことができた。これらのスケッチは、大学に戻ったのちに描きなおし、本の体裁にまとめた。今、見返すとあまりにラフでなにかに使うことのできるような仕上がりのスケッチではないけれど、僕はこのとき、子どものころからいだいていた夢になんらかの形で近づけた気がした。

遠い自然の象徴

この『屋久島博物誌』と名づけた手製の本の中に、印象深い生き物のスケッチが残されている。それが、冬虫夏草の一種、カメムシタケ8章扉である。

冬虫夏草というのは、ひとくちでいうと、虫にとりつき殺したあと、その骸を栄養にして成長し、子実体（いわゆるキノコと呼ばれる部分）を伸ばす菌の仲間だ。古くから中国ではチベット高原に生育する、コウモリガの仲間の幼虫から生える冬虫夏草の一種、シネンシストウチュウカソウを薬用として珍重した。この中国産の薬用として利用される種が名高いが、薬用としての利用はなされていないものの、日本にも数多くの冬虫夏草の種類が生育することがわかっている。冬虫夏草は分類学的には子嚢菌類のバッカクキン科と、バッカクキン科に近縁の科であるコルジセプス科、オフィオコルジセプス科（かつてはすべての種がバッカクキン科に属しているとされていた）に所属している菌で、種によってホストとなる昆虫（場合によってはクモや地下生菌など昆虫以外がホストになる場合もある）も子実体の形態や色も異なっている。日本産の冬虫夏草で有名なのはセミタケだろう。セミタケは子ども向けの昆虫図鑑などにも載せられていたりする種だ。図鑑を座右の書にしていた僕は、いつのころからか、冬虫夏草のことを知っていた。が、この屋久島での調査に加わるまで、その実物は見たことがなかった。僕の見つけたカメムシタケは、ごく普通に見られるチャバネアオカメムシをホストにしており、その肩のところから、黒く細い柄が伸び、その先に朱色のやや膨らんだ先端部のある子実体を伸ばしているという形をしたものだ。

少年時代を過ごした南房総の自然が僕にとっての原風景である。いつ、どこの自然を見ても、意識的にあるいは無意識的に、僕はその自然と生まれ故郷の館山の自然を比べている。原風景の原風景たるゆえんだ。また、この南房総の自然は、僕にとって「身近な自然」の典型としてもある。現在は沖縄・那覇の街中ぐらしをしているが、南の島の自然も、都会の自然も、僕にとっては、二次的に身近な存在としてあるものだ。加えて、大学生のころの屋久島調査以来、屋久島の原生林も僕の原風景のもうひとつの軸となっている。こちらはいわば、僕にとっての「遠い自然」に位置している。原生的な自然とはどんな自然なのかということを考えるとき、僕にとって脳裏に浮かぶのは屋久島の森だ。

そして、「遠い自然」たる屋久島の森の中で初めて出会った冬虫夏草は、僕にとって、ジュゴンとはまた別の、「遠い自然」の象徴のような存在として存在している。

照葉樹林の位置づけ

屋久島の森が、ギャップから老齢の木々からなるパッチまでモザイク状の構造をなしているように、見渡してみれば、僕らの身のまわりにある自然も、けっして一様なものとして存在しているわけではないことに気づく。たとえば僕の実家周辺を見渡せば、雑木に覆われた低い山と、その裾に広がる平地の畑の存在が目にとまる。今度は山と反対側に目を向けると、住宅地が広がり、その向こうに海が見える。実家の周囲は農村とはいいがたいが、都市というほど開けているわけでもない、人のくらしが色濃くにじむ環境だ。この実家から歩いて一時間で、少年時代、足しげく通った沖ノ島にたどり着く。

沖ノ島はもともと、館山湾に浮かぶ離れ小島であった。それが関東大震災による土地の隆起と、その後の埋め立てにより、海流によって運ばれた砂で本土とつながった陸繋島となっている。沖ノ島の中に足を運び入れると、そこはタブやヤブニッケイなどの大木が生い茂る照葉樹林だ。島の中で一番太いタブは胸高直径が九七センチもある。少年時代、このうっそうとして見える森は苦手だった。貝殻を拾いに島にくると、森の中の小道は小走りで走り抜け、一刻も早く向こう側の砂浜にたどり着こうとしたものだ。つまり、僕の中には生まれ故郷の自然は、総体として「身近な自然」として位置づけられているが、この自然もよく見ればモザイク構造をなしており、沖ノ島の森は、「身近な自然」の中にある、相対的に「遠い自然」であるといえる。いいかえると、身近な自然の中にあった違和感を持つ森、照葉樹林もまた、僕の中では「遠い自然」に位置づけられるものとしてある。

ちなみに、大学四年生の卒業研究で、僕はこの沖ノ島の照葉樹林を研究フィールドとして選んだ。少年時代は駆け抜けていた森の中に、数カ月間通い詰め、屋久島の森で教わった調査手法同様、木々の戸籍調査を行っていった。その一端を記すと、二一六六本の木を調べ、そのうち常緑樹は九種一〇三四本であった（沖ノ島の森は照葉樹林ではあるが、多くの落葉樹が入り込んでおり、その理由を考察するというのが研究のおもなテーマとなった）。

身のまわりの自然がモザイク構造をしているのではないかと、見返してみる。

沖縄でくらす日々も、そうした二重性とともにある。

もともと沖縄は、少年時代の僕にとって「遠い自然」のそれこそ象徴であった。ところが移住をしてみると、沖縄にもまた「身近な自然」と「遠い自然」と呼べる要素がともにある。僕が日常過ごすのは、都市であり、「身近な自然」として分類されるものとなる。一方、沖縄島北部には、ヤンバルと呼ばれる照葉樹林の森が広がる。この森に行くとき、僕は「遠い自然」に潜り込む、ある覚悟を持って出かけていく。

屋久島の冬虫夏草調査

沖縄に移住し、沖縄の地で「身近な自然」と「遠い自然」を追いかけ始めた僕は、自分の内なる「遠い自然」を確認し続けるために、ほぼ毎年一回は屋久島に出かけるようになった。

屋久島といえども、人々のくらしがあり、時代の影響とも無縁ではありえない。しかし、相対的に屋久島は原生的な自然、つまりは「遠い自然」を感じる要素が多く残されている。人によって、屋久島のどこに「遠い自然」を感じるかは異なっているだろう。島を訪れる多くの人は、数千年の時を経ていまだそびえる縄文杉にそれを求める。僕の場合は、梅雨の時期、雨に打たれ、地面からはいあがるヒルを追い払いつつ、暗い林床をライトで照らしながら落ち葉の間からわずかに顔を出す冬虫夏草を探しているときが、「遠い自然」を感じるときだ。

薬用のシネンシストウチュウカソウは高山草原に生える冬虫夏草なわけであるが、冬虫夏草の種類によって、生育する環境は異なっている。そのため、都内の神社の森で見られるクモタケやオサムシタケのような種類もあるし、サナギタケやヤンマタケといった雑木林でよく見られるような種類もある。冬虫夏草はけっして原生的な森に行かなければ見ることのかなわない生き物であるということではない。それでも、相対的には、冬虫夏草は原生的な自然と親和性のある生き物といえる。

僕が沖縄から屋久島に通い始めたとき、屋久島の冬虫夏草についてはまだよくわかっていなかった。ずいぶんと以前、それこそ屋久島で初めて見つかり名前がつけられたヤクシマセミタケという冬虫夏草はあったものの、その種類でさえ、屋久島からは長い間再発見がなされていなかった。島に通い、島在住の冬虫夏草に興味を持つ友人と森の中を歩き回る中で、少しずつ、屋久島の冬虫夏草相が明らかになっていく。調査を続けた結果、セミの幼虫から発生する冬虫夏草だけでも、ヤクシマセミタケのほか、オオゼミタケ、ツブノセミタケ、アマミセミタケ、ツクツクボウシセミタケ、カンザシセミタケ、ウメムラセミタケといった種類を見つけることができた。これ以外にも、まだきちんと種名が確定できていないものが数種ある。まだ、屋久島の冬虫夏草相の全貌を明らかにできたわけではないのだ。

屋久島に通い詰めるうち、セミ以外の昆虫から発生する冬虫夏草にもいくつかおもしろい発見があった。そのひとつが、コガネムシの成虫から発生する冬虫夏草を見つけたことだ。

冬虫夏草にはテレオモルフとアナモルフという二つの相がある。身近なものにたとえると、ジャガイモがいいかと思う。ジャガイモを畑に植えるとき、イモを切り分けて植える。これはジャガイモを、クローン的に増殖させていることになる。こうした、性を介さないクローン繁殖をする相を菌類ではアナモルフという。一方、ジャガイモも花をつけ、品種にもよるが、きちんと実もなる。こうした受粉によって、実ができ、種子で繁殖をするという性を介する繁殖を行う相を、菌類ではテレオモルフと呼ぶ。冬虫夏草の場合、同じ種類であるのに、テレオモルフとアナモルフではまったく姿が異なっている。またなかにはテレオモルフだけ、アナモルフだけと、片一方の相しか見つかっていない場合もある。まったく別の種類だと思われていたものが同一の種類のテレオモルフとアナモルフの関係であることがわかったという場合もある。冬虫夏草は、昆虫にとりつき、殺したのち、その栄養によって成長し、子実体を伸ばして胞子を放出する。昆虫にとりつく昆虫病原菌の中で、こうした目に見えるキノコ状の構造物をつくりだすものを、慣例的に冬虫夏草と呼んでいる（基本的にテレオモルフの場合が多い）。

僕が屋久島で見つけたコガネムシの成虫から発生する冬虫夏草は、黄色い棒状の子実体をつける種類だった。僕はこの冬虫夏草を、昆虫病原菌の専門家に送り見てもらうことにした。最初、見つけた冬虫夏草は、これまで報告のあるコガネムシタケと呼ばれる冬虫夏草だと思われた。コガネムシタケはかなりめずらしい冬虫夏草だ。そのため、貴重な発見に思い、コガネムシにとりつく昆虫病原菌に興味を持っている専門家に送ったのだ。ところが、意外なことに、この冬虫夏草はコガネムシタケではなかった。新種だったのである。

ただ、この冬虫夏草の送付先である島津光明先生によれば、僕の見つけたコガネムシから発生した冬虫夏草は、テレオモルフは新発見であったものの、同種のアナモルフはよく知られたものであるということだった。この菌のアナモルフは、昆虫にとりつく真っ白なカビ状の姿をしている。とりつく昆虫はカミキリムシである。カミキリムシには、害虫となっているものが存在するため（たとえば松枯れに関連するマツノマダラカミキリなど）、カミキリムシにとりつく昆虫病原菌は、生物防除を目的とした研究対象となっている。屋久島で見つかったコガネムシにとりつく冬虫夏草のアナモルフ（ボーベリア属の一種）はそのためよく知られた菌であったのだ。おもしろいことに、アナモルフはカミキリムシにとりつくのだけれど、テレオモルフはコガネムシ、それも今のところビロウドコガネという小型のコガネムシの仲間からしか発生が知られていない。なぜかは、今のところ、まったくの謎だ。こうした謎が多いのも、冬虫夏草の魅力といえる。

さらに、屋久島からの特筆すべき冬虫夏草の発見に、ヒュウガゴキブリタケ（図8）の発見があげられる。ヒュウガゴキブリタケは最初宮崎県で見つかり、その後鹿児島県本土でも一カ所、発生地が見つかっている冬虫夏草だ。つまり屋久島を含めても都合三カ所でしか発生が知られていない珍菌である。しかも宮崎、鹿児島の発生地と比べ、屋久島は一番の多産地となっている。

ゴキブリには野外でくらしているものも数多いということはすでに紹介した。ヒュウガゴキブリタケが発生するのは、屋外性のゴキブリの中でも、朽木の中で一生を送るエサキクチキゴキブリである。興味深いことに、同様の環境にくらしているオオゴキブリ（虫の授業のときに、子どもたちに見せて回ったゴキブリ）には、今のところヒュウガゴキブリタケの発生は見られない。これも謎である。

ヒュウガゴキブリタケ自体は、屋久島の森ではそうめずらしくはない。けれども、ゴキブリから発生する冬虫夏草は世界的に見て、きわめてめずらしい。これまで報告があるのは、スリランカから見つかっているゴキブリタケという種類のみで、これは葉上のチャバネゴキブリ（記載にはそう書かれているが、おそらく別の種類の小型ゴキブリだろう）から発生した冬虫夏草とされている。ゴキブリに冬虫夏草がとりつくことが少ない理由として、ゴキブリは抗菌力があるせいではないかと推定されている。普段から菌と接することの多い環境にくらす昆虫は、それきしの過程で菌に対する抵抗力を身につけているのだ。

かように、冬虫夏草といっても、いろいろなものがいる。

おそらく、屋久島の森には、まだ知られていない冬虫夏草が眠っている。

このような不思議な生き物が地球上に生み出されるに至った時間を思う。

このような不思議な生き物を育む森が経てきた時間を思う。

ヤンバルの冬虫夏草調査

冬虫夏草を探して屋久島に出入りしているうちに、原生的な森に入り込むことが、徐々に体になじんできた。

「なにをしにきたのか？　ヤンバルのめずらしい生き物を見にきたのか？」

沖縄に移住した当初、そう問いかけられて答えに窮した。ヤンバルの森に入ることもためらわれた。僕は冬虫夏草を探す中で、ようやくヤンバルの森に、どのように入り込んだらいいのかが、自分なりにわかり始めた気がした。

ヤンバルの森で冬虫夏草を探してみる。

最初、僕の目には、ヤンバルの森は均質に「遠い自然」的な存在に思えた。しかし、冬虫夏草を探しながら森をうろつくうちに、ヤンバルの森といえども均質ではないことが少しずつわかってくる。南北に長い沖縄島は、北部に森の広がる山があるが、ヤンバルの地形は、たとえていうと、山の尾根部のみが海上に浮かんでいるようなものである。全体的にヤンバルの地形は急峻で、平坦地が少ない。一方、山の高さは最高標高で五〇〇メートルほどしかなく、雲がたえずかかるほどの高さではない。つまり、ヤンバルの森は湿気がとどまるような川沿いの平たん地が見られず、雲霧林も発達しないため、全体的に乾きやすい。

冬虫夏草は菌類であるから基本的に湿気を好む。さらに冬虫夏草は菌類の中でもひときわ湿気に依存している。発生地も沢沿いが多いし、発生期のピークは梅雨時期である。こうした特徴を持つため、ヤンバルの森の中で冬虫夏草が発生する場所はきわめて限られてしまう。最初はやみくもに森の中を歩き回って探していたが、発生が見られないところで探し回っても無駄骨に終わる。その逆に、よく発生が見られる場所では、毎年、発生を見ることができる（これを俗に冬虫夏草の坪と呼ぶ）。

冬虫夏草探索の視点で見ると、ヤンバルの森はモザイク的な存在としてあるといえる。屋久島のスギの森もモザイク的であったが、ヤンバルの森のモザイク構造を生み出しているのは、木々の寿命ではなく、人為の影響が大きい。

ヤンバルの森は、古くから人の手が入っている。こんなところにと思うようなところに、かつての人々が残した遺構（住居跡、炭焼き窯跡、藍壺跡など）が目にとまる。一見、緑が深い森に思えても、さっぱり冬虫夏草が見つからなかったりする。よく見ると、木々の太さが同じである。一度、皆伐され、そこからまだそれほど時間が経っていない森であるのだ。一方、ほんのわずかの面積であっても、毎年のように冬虫夏草が見つかる森の一角がある。なにかの理由で、その一角だけ原生的な自然が残されているのだ。加えて、たとえば谷頭であるとか、沢沿いであるとかの湿度条件的にも恵まれた場所であると、冬虫夏草の発生が見られる森となる。

ヤンバルの森の中で冬虫夏草の生えているところは、ほとんどパッチ状にしか存在していない。冬虫夏草を手がかりにすると、ヤンバルの森の中でも、一番、原生的な部分、つまり、もっとも「遠い自然」的な一角にたどり着くことができる……ということになる。そうした森に入り込むと、冬虫夏草以外でもホンゴウソウやシャクジョウソウ、ヤツシロランの仲間といった、菌従属栄養植物と呼ばれる、光合成能力を失った特殊な植物たちも、同じ場所でひっそりと生を育んでいることに気がつきだす。

そうした森の中に潜り込み、ハブに気をつけながら、落ち葉の上にほんのわずかに顔をのぞかせる冬虫夏草を探していく。森深くに潜り込み、息を潜め、林床すれすれに焦点をあわせることで、初めて見えてくる生き物たちがいる。まるで海の底に、小さな生き物の姿を求めて、ダイビングをしているかのようだ。

街中の雑草もまた、自然のひとつの姿だ。そうした日々、足元で見ることのできる自然に気づく目を持ちたいと思う。一方、潜り込むことがしんどく、危険もともなうような森の中でしか見ることのできない冬虫夏草も、自然のひとつの姿だ。たとえ、日々のくらしで見ることがなかったとしても、そうした生き物がひっそりと生き続けていることを知っているだけで、僕は深い満足を覚える。僕らには、身近な自然と遠い自然、その両者ともに必要なのだ。

ヤンバルの森は琉球列島の中でも屋久島や奄美大島、西表島の森に比べると、見つけることのできる冬虫夏草の種類も数も見劣りがする。しかし同時に、ヤンバルの森だから見つかるという種類もまたある。僕がヤンバルの森で見つけたガの幼虫から発生する冬虫夏草は今のところ、その一個体しか見つかっていない（図8ヤンバルマルハマダラヒロズコガタケという仮称を与えた）。

また、ザトウムシの仲間から発生するという興味深い冬虫夏草（図8ザトウムシタケ）も、今のところ沖縄島の二カ所の坪でのみ見つかっているだけだ。ザトウムシというのは、クモ形類に属する生き物で、肢の長い一見クモのように見える生き物であるが、じつはクモ形類の中では、クモとの縁は近くない。冬虫夏草が生えるのは、ザトウムシの中でも比較的肢の太短いアカザトウムシの仲間である。ザトウムシタケは子実体をつくらず、胞子果と呼ばれる胞子を入れた壺状の容器が、肢などに点々と付着するという姿をしている。また、ザトウムシタケは湿った林内の倒木の裏や、浮石の裏に着生しているので普通に森を歩いている限りはまず見つからないものだ。僕の場合は、冬虫夏草を探そうと思っていたのではなく、ホラアナゴキブリという小型のゴキブリを探している最中、偶然、石の裏に菌におかされたザトウムシが貼りついているのに気づいたしだいだ。この冬虫夏草の特徴のひとつは、胞子がヌンチャク型（ヌンチャクのように両端部が太く、中が細長くなっている）であることだ。なお、本土のクモから発生する種類に同様の胞子を持つ種類が知られており、今後、詳細な比較が必要とされている。

さらにシロタマゴクチキムシタケという[図8]、朽木や枯れ枝の中の卵塊から発生するという冬虫夏草も、ヤンバルの森の中で多産地が見つかった。ヤンバルで見つかるものは、林床の直径一センチにも満たない落枝の中に産み込まれた卵塊から発生している。卵塊から伸びた子実体は純白で、長さは三センチほど。細い棒状の子実体表面に、胞子果がぽつぽつとついているという姿をしている。この冬虫夏草はこれまで散発的にしか見つかっていなかった冬虫夏草であり、ホストがいったいだれの卵なのかはまったくわかっていなかった。南米からは、同様に卵塊から発生する冬虫夏草が知られていて、論文によればカタツムリの卵塊から発生すると報告されている。ところが、多産地を見つけたおかげで、シロタマゴクチキムシタケのホストとなっている卵塊がだれの産んだものなのかがおよそ解明できた。

シロタマゴクチキムシタケのホストの判定には二年間かかったが、ホストはカタツムリではなくヤスデの卵であろうと考えられる結果となった。シロタマゴクチキムシタケのホストとなっている卵塊の中に含まれる卵の大きさは〇・三ミリほどとごく小さい。いくつものシロタマゴクチキムシタケを観察していると、なかには半分孵化しかけた卵がホストになっているものがあった。その孵化しかけた幼虫は、昆虫ではなく、ヤスデの仔虫と考えられた。また発生地の林床で菌の発生していない、同サイズの卵塊を探し出し孵化させると、これもヤスデの仔虫が孵化してきた。同地で採集したヤスデ類をヤスデの研究者に送り、孵化させた仔虫も見てもらったうえで、シロタマゴクチキムシタケのホストとなっているのは、少なくともヤンバルの森の中で発生するものは、ヤケヤスデの卵ではないかと判定するに至った。文献で調べたヤケヤスデの卵のサイズも、シロタマゴクチキムシタケのホストの卵サイズと適合する。ヤケヤスデの卵は二週間ほどで孵化するようであり、これからするとシロタマゴクチキムシタケが卵塊にとりついてから子実体を伸ばすまでの期間はごく短いだろう。シロタマゴクチキムシタケについては、今後も生態を少しずつ見ていきたいと考えている。

僕は生き物屋としては、貝から虫から植物からキノコにまで手を出す、変わり者に位置している。なぜそうであるのかは、この本にここまで書いたとおりだ。僕がやり続けていること。それは自分にとっての身近な自然と遠い自然とを、追い続けること。そしてほかのだれかに、自分の見つけた自然のおもしろさを伝えること。なんにせよ、自然のおもしろさを伝えることができそうなものには、僕は興味を持ってしまう。

理科の教員になったとき、師匠にあたる高校の生物教師である岩田好弘先生から二つのことを教わった。

ひとつは本書に繰り返し書いた、「生徒の常識から始め、常識を超えるもの」という授業づくりに一番大切な視点である。

もうひとつは、「好事家になるな」といういましめであった。

「対象とする生き物のおもしろさにのめり込みすぎて、周囲が見えなくならないように……」。それは、理科教員として自然と接するときに、重要な心構えであると先生は話された。一方で、対象とする生き物について、ある程度以上、深く接しなければ、語るべき内容を持ちえないということも厳然としてある。

冬虫夏草は、僕の中では、一番マニア的に自然を見ている対象といえる。人間にとって、遠い自然と身近な自然がともに必要であるように、マニア的に自然を見る目もまた、自分が自然を見ていくうえで必要な要素であると思っている。森がモザイク的な構成であるように、僕もまた、モザイク的であるべきだと思うから。

博物学を追い続けて

学校の中で骨取りを始めたり、ドングリやネコジャラシを調理し始めたりした背景には、「好事家になるな」とのいましめを僕に与えた岩田先生の影響がある。

僕が教員の道を本格的にめざすようになったのは、大学四年生になってのことだった。いくらぼんやりものの僕でも、心配することがあった。自分自身は教員の適性があるとは思えなかったのだ。とにかく、小さなころから人と同じことをすることができなかった。習いごととかも、ことごとく中途半端で終わってしまう。そんな僕が人にものを教えることができるのだろうか。生物学科に進んだものの、研究者の道を選ばなかったのも、どうがんばっても研究者の手法が身につかないと思えたからだ。それに、自分の学校生活を思い返しても、授業がおもしろかったという記憶がなかなか思い出せない。好きなはずの生物の授業ですらそうだった。そこで父に相談をしてみることにした。僕の父もまた理科教員(専門は化学)であったのだが、生物教員でおもしろい実践をしている先生がいないかと聞いてみたのだ。紹介されたのが、当時千葉県の習志野高校の生物教員をされていた岩田先生だった。

岩田先生の授業は、これまたかなり変わっていた。教科書なんて用いない。独自に編纂したテキストを使っているのだが、その内容を見てみると、火おこしだの、ゴリラの実物大手形だの、メロン農家の一年についてだのと、普通の生物の教科書にはまったく出てこないような資料ばかりが満載されている。そして、岩田先生の勤務先の生物準備室がまた強烈な印象を僕に残した。とにかく荷物でごたごたしている。枯れた雑草の詰まった段ボールがあるかと思えば、水のたまったシンクにはウシの頭骨が浸っているという有様だった。実際に授業を見せていただくと、いきなり全身を鱗で覆われているセンザンコウの剥製を生徒たちの間に回す……といった授業風景だった。授業中は生徒の私語がまま見られたのだが、見ていると、自分のところにセンザンコウの剥製が回ってくると、だれもが熱心に手元の剥製に見入っていた。あとで先生に話をうかがうと、「それでいいのです」と仙人のようなひとことを発せられた。どんな形であれ、授業の中で、生徒が自然物と対話をすること。それこそが、大事なことなのですということをおっしゃりたかったのではないかと思う。

また、岩田先生のところにおじゃまして、ぜひ教員になったらマネをしてみようと思ったのは、先生自身の手になる、生き物の絵入りの理科通信だった。生き物を知ることが好きで、生き物の絵を描くことが好きで、生き物のことを人に伝えようと思い始めた僕にとって、理科通信こそ、そうした思いを形にする具体的な手段に思えたからだ。

教員になってすぐ、理科通信を発行した。学校のまわりを歩き回って見つけた生き物を、B4一枚の紙に書いて印刷し、生徒たちに配布したのだ。題名は、『飯能博物誌』とした。ところが、こちらも授業同様、すんなりとはいかなかった。中学一年生の理科の授業で理科通信を配布したら、授業終了後、さっそくゴミとして床に散らばる通信を目にしてがっくりすることになったのだ。

まだ、人に伝えられるほどものを知らない。ここでもいやというほどそのことを思い知る。かといって、そのまま手をこまねいていても、状況は変わらない。そこで、読み手のことはとりあえず無視して、書き手の力を養成することを主目的として理科通信を発行し続けることに方針を切り替えた。教室で全員に配布した場合の惨状は経験済みなので、発行した理科通信は図書館の一角におかせてもらって、希望者が持ち帰るという形式にしてみた。

勤務一年目。理科通信の発行数は合計で一〇枚だった。勤務二年目。発行数は一年間で合計七五枚までに飛躍的に数を伸ばした。無我夢中のころなので細かな記憶がないが、おそらくこの数の変化は授業の内容の変化とも対応していたと思う（理科通信はその後も発行を続け、自由の森学園に勤務していた一五年間で合計一四〇〇枚の通信を発行した）。

自由の森学園を退職したとき、僕は理科通信を発行する場を失ったことに気がついた。

しかし、すぐに、僕はあらたな通信を書き始めた。自分のあだ名であるゲッチョは、生まれ故郷の館山の方言であるカマゲッチョ（カマキリとトカゲの両方を意味している）に由来している。それにあやかって『カマキリ通信』と名づけた個人通信を発行し始めたのである。一時的に珊瑚舎スコーレの生徒に配ったり、知人に配布したりしているが、基本的には自分のために書き綴っている。これが、僕が少年時代に夢見た『地球全生物図鑑』が姿を変えた、『地球博物誌』作成の過程と思うから。

昨年一年間にどれだけ通信（博物誌）を書いたのかを見返してみる。数えた結果は、三八二枚だった。その中に紹介されたスケッチは、植物が八〇種、昆虫が六四種、貝が五九種、キノコが五五種、魚が三七種、そのほか（甲殻類など）が一二種である。合計三〇七種。このペースでいくとすると、地球上で記載された約一五〇万種の生き物すべてを記述するのに、五〇〇〇年かかる計算になるわけだ。その必要とする時間の長さに、生き物世界の多様さをあらためて思う。

自由の森学園時代、理科通信を書き綴っていたら、当時図書館司書をしていた河本洋一さんが、一〇〇号たまったところで印刷製本する手配をしてくれた。この合本を、僕は、あちこちで名刺代わりに配って歩いた。その一冊が、人の手を介して、出版社にわたり、本を出すことになった。生徒たちとの骨取りの話をまとめた、『僕らが死体を拾うわけ』（どうぶつ社）という本が、それである。もうひとつ、別のきっかけもあった。こちらは大学時代に加わっていた子どもたちの自然体験をサポートする活動の関係から紹介された仕事から始まったつながりで、『ナチュラリスト入門』（岩波書店）というブックレットをつくるチームの一員に加えてもらうことができたのだ。やがて、それぞれの本がまた、あらたなつながりを生み、僕は思ってもいなかったほど、本を書く機会にめぐり合うことができた。

子ども時代を思い返すと、居間のこたつに背を丸くして通信やプリントを鉄筆で書き込んでいた父の姿が目に浮かぶ。僕の父は化学の教員であった。同時に父は詩人でもあった。自費出版の詩集を何冊か出していて、推敲の結果没となった詩作の書かれた裏紙や、プリントの残りの裏紙をもらい受け、僕は好きな絵を描き散らしていた。

「本はいつか出すものだ」

少年時代から、僕はこうした思いをいだき続けていた。

その、なんの具体的なめあてもないままの確信は、こうした風景の中で形づくられた。

父は八一歳でガンのために他界したが、僕は今もなお、この世にもう存在しない、父の丸まった背中をめざして本を書き綴っている。

第9章 ジュゴンの授業

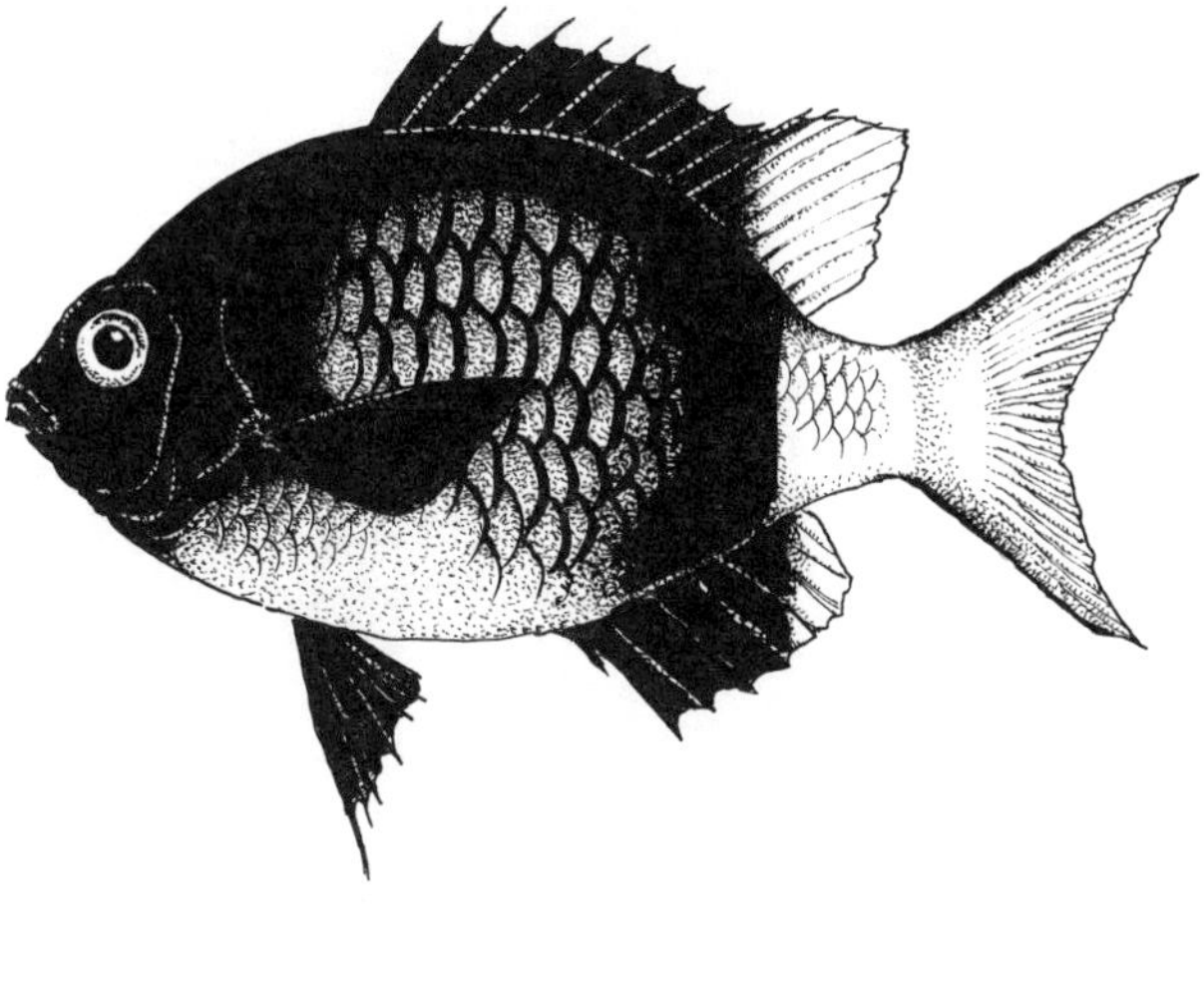

アマミスズメダイ 145mm

人魚ってどんな姿？

「こんにちはー。よろしくお願いしまーす」

研究室の戸口に、かわりばんこに中高生が何名かまとまって姿を見せ、そんなあいさつをしていく。

僕がかつて非常勤講師をしていた、珊瑚舎スコーレの生徒たちが、一時間だけ僕の授業を受けに大学にやってきたのだ。僕が珊瑚舎スコーレの非常勤講師をしていたころの生徒たちはすっかり卒業をしてしまっているので、みんな初めて見る顔ばかりだ。教員になって三〇年が経つが、いまだに初めて見る生徒や学生たちを前にすると緊張してしまう。その一方で、体のどこかにあるスイッチが、カチリと入るのもわかる。

一〇名の生徒たちに手をあげてもらったら、そのうちの二名が沖縄県民で、残りは県外出身者（その中の一名はフィリピン出身）だった。

「沖縄と本土では、いろいろな違いがあるよね」

そんな話から授業を始めることにした。

僕が学生から教わった「沖縄と本土の違い」のひとつが、シチューの食べ方。本土では普通、シチューはご飯とは別の容器（スープ皿にせよお椀にせよ）に盛るだろう。ところが、沖縄だとシチューはカレーのようにご飯にかけて食べるのが一般的なのだ。

「そうなの?」と本土出身の生徒が返す。

「ええっ、これって沖縄限定の食べ方だったの?」と沖縄出身の生徒が驚く。

「普通」にはじつはいろいろある。そのことに気づくことが大切なのだと僕は思う。

「その人の持っている常識は、だから人それぞれだったりするね。ここで、ひとつ問題を出すよ。みんながどんな常識を持っているのか、それぞれ、絵に描いて見せ合ってみよう」

僕はそういって、生徒たちに紙を渡した。そして出したのが、「なにも見ないで人魚の絵を描いてみて」という問題だ。

「ええっ」という顔をしながらも、それぞれなんだか楽しそうに紙に鉛筆を走らせている。見ると、尻尾から描き始める生徒もいる。絵の描き方にしても、各人、いろいろだ。しかし、見て回ると、おおまかにいって、どの生徒の描いた人魚もそれほど違いはない。

似顔絵を描く場合、モデルの顔形の特徴ポイントをいかにつかみ、表現するかが鍵となっている。ポイントがおさえられていれば、簡単な線画でも「似ている」と思うし、ていねいなデッサンがなされていても、ポイントがずれていると、だれを描いた絵なのかなかなかわからなかったりする。では、人魚の絵を描くときのポイントとはなんだろうか。

「下半身が魚」

「上半身が女の人」

「貝殻のブラをしている」

生徒たちから、そんな意見が出される。こうしたポイントをおさえて絵を描くと人魚に見える。空想の生き物である人魚の場合、実物を見て絵を描くことはありえない。すなわち人口に膾炙しているのは「人魚とはこういうものだ」というイメージポイントのみである。結果、みながみな、人魚のポイントをおさえているので、だれが描いてもそれっぽい絵ばかりになるということになる。

「人魚のモデルってジュゴンだよね」

教室の一番後ろのほうに座った男子生徒から、そんな声が聞こえてきた。この生徒は、教室に姿を現すなり、「虫はいやだ」と口にしていた。昆虫が大の苦手の生徒であるのだ。しかし、授業をしてみると、昆虫以外の生き物については興味津々だし、ほかの生徒たちよりも生き物全般についての知識を持っている生徒だった。

カイギュウ類のジュゴンは、虫ギライの生徒のいうように、人魚のモデルといわれている。沖縄近海には、ジュゴンが生息しているため、沖縄の伝説にも人魚がしばしば登場する。では、ジュゴンと人魚とは似ているところ、似ていないところがあるだろうか。下半身が魚状なのは一緒だ（ただし、魚とジュゴンでは、尾ビレの形が異なっている。魚の尾ビレは縦方向にヒレ先が伸びているが、ジュゴンでは横方向に伸びている)。人魚の上半身は女性とされていて、長い髪の毛も生やしている絵を描く生徒が多いが、ジュゴンにはそんな髪の毛状のものはない。乳房はどうだろうか。人魚の胸部には貝殻のブラで隠された乳房があるように描かれることが多いが、ジュゴンには乳房はあるだろうか。

「あると思うよ」……そう答えが返ってくる。

ジュゴンは哺乳類の一員である。つまり、子どもに母乳を与え保育する。当然、乳房もありそうに思える。が、乳房というのは、人間特有の器官なのだ。ウシにも大きな乳房があるように見えるが、これは家畜化によって生み出された産物であるという。一般の哺乳類には乳を分泌する乳首すなわち乳頭はあっても乳房はない。人魚は、上半身が人間の女性だからこそ乳房があるように描かれるわけであるが、モデルとなったとされるジュゴンには乳頭はあっても乳房はないことになる。ただし、乳房のあるなしではなく、乳を分泌する乳頭のあるなしでいえば、ジュゴンもヒトもウシもイヌも、共通してそれをそなえている。

クジラのれきし・ジュゴンのれきし

哺乳類はれきしをたどると祖先が共通となるグループなので、乳頭以外にも共通した体の特徴がある。たとえば、頸椎は基本的に七個からなる。このことは比較的よく知られていることのようで、生徒たちはうなずいて聞いている。首の長いキリンの場合、ひとつひとつの頸椎の長さが長い……という話も、よく知っているよう。それでは、もっとも首が短い哺乳類とはなんだろうか。こう問いかけると、首を傾げたあと、いろいろな意見が生徒たちから返ってきた。

「ネズミ！」

そこで、ヒメネズミの全身骨格を取り出して見せる。「小っちゃい！」と驚きの声があがる。が、ヒメネズミの全身骨格を見ると、体全体に対する首の割合は、それほど小さいとは思えない。

「じゃあ、コウモリ！」

今度は、そんな声があがる。そこでまた、オオコウモリの全身骨格を取り出してきて見せる。オオコウモリの全身骨格を見てあがる驚きの声は、「人間みたい！」だ。普通の哺乳類は四足歩行をしているが、コウモリの場合、前肢は翼になっていて、休息時は後肢だけでぶらさがる。そのため、コウモリの全身骨格を上下反対にすると、二足歩行をしているヒトに似ているのだ。ただし、コウモリの首の体全体に対する割合も、極端に小さいとは思えない。

もっと、頸椎が短縮するように進化した哺乳類がいる……そういって、僕は鯨類の輪郭を板書した。鯨類の輪郭には、首がないように見える。実際はどうなのか。第1章で、スナメリの骨を拾ったという話の中で触れたように、陸上生活から水中生活に適応してきた鯨類の頸椎は全体的に退縮し、癒合・合着を起こしている場合がある。こうした頸椎こそ、かつて鯨類が陸上でくらしていたれきしを物語る最良の教材だと僕は考えている。ここで僕が生徒たちに見せたのはゴンドウクジラの仲間の頸椎だ。スナメリの頸椎と異なり、ゴンドウクジラの仲間では、七個ある頸椎が、見かけ上、一個に癒合している。それでも、よく見ると七つの仕切りが見て取れるのは、もともとは七個の骨があったということであり、ひいては、それは陸上生活をしていた祖先の名残だという説明を僕はした。

「ほんとだ」

「すっごい」

生徒たちから、そんな声があがる。

陸上生活から水中生活に適応するにつれ、鯨類の体にどんな変化があったのかを、体の別の点からも確認しておきたい。

「クジラの鼻はどこにあるか?」

出したのは、そんな問題だ。

鯨類の輪郭を横から見た図の中に、鼻の位置を描き込んでもらったのである。この問題は、大学生に対しても出したことがあるが、ほとんどの大学生は誤った回答をしていた。目よりも体の後部に鼻の位置があると考えた学生が多かったのである。これは、クジラというと、背から潮吹きをしているというイメージがあるせいだろう。実際のクジラの鼻の位置は、ほかの哺乳類と変わることはない。つまり、目よりも前に鼻がある。ただし、鼻が口先にあるのではなく、鼻の位置よりも先に口が伸びているため、相対的に鼻が体の後ろに位置しているように思えてしまうということであるのだ（加えて、鼻の穴は体の前方ではなく、背側に開口している）。実際の鯨類の鼻の位置を確かめてもらうため、かつてミノルが拾ってきた、一抱えほどあるゴンドウクジラの仲間の頭骨を取り出して、目と鼻の位置を示し、それから一人一人に持ってもらい重さや大きさを実感してもらった。

続いて、クジラの乳頭がどこにあると思うか、腹側から見たクジラの絵に乳頭の位置を描き込んでもらうことにした。生徒たちを見ると、胸ビレのつけ根に乳頭があると考えていたりすることがわかる。

実際のクジラの乳頭は、へそよりも体の後部にある。

「おへそよりも体の後ろに乳頭のある動物なんているの？」……生徒がそういうので、乳牛の模型を取り出して見せた。

「あっ、そうか」という声があがった。

クジラの乳頭が体の後半にある理由。それは、クジラがウシの仲間である偶蹄類に近い動物であるからだ。化石から知られるムカシクジラと呼ばれるクジラの祖先は、半陸半水性種から完全な海洋性まで、さまざまな段階の種類が含まれている。たとえばパキスタンなどの約五〇〇〇万年前の堆積物から見つかるパキケタスというムカシクジラの場合、クジラという呼称で一般に思い浮かべる姿とは食い違い、四本の脚がある姿をしている。なぜ四本の脚のあるこの動物がムカシクジラという名前のグループに属しているかというと、耳の骨がクジラの耳の骨の特徴をそなえているからだ。一方、この動物の脚の骨の構造は、偶蹄類との共通点がある。つまり、鯨類は偶蹄類の仲間から進化してきたと考えられるようになっている。こうした化石の証拠だけでなく、DNAの配列の比較研究からも、鯨類は偶蹄類に近縁であるという結果が発表されている。遺伝子のデータをもとに系統樹を描くと、カバはイノシシやウシよりもクジラに近いという位置づけになることもわかっている。そのため、現在は鯨類と偶蹄類をあわせて鯨偶蹄類という分類名が用いられるようになった。ちなみにカバの乳頭もウシと同じように後脚のつけ根近く……体の後半部にある。

鯨類の乳頭は体の後部にある。では、同じように水中生活を送る哺乳類のジュゴンの場合はどうなのか。人魚のモデルとなったジュゴンでは胸ビレのつけ根に乳頭がある。すなわち、乳頭の位置に関していうと、鯨類よりもジュゴンのほうが人間に似ている。

なぜ、ジュゴンとクジラでは乳頭の位置が違うのだろう。

手元にある、ゴンドウクジラとジュゴンの肩甲骨を手に持って、重さを比較してもらう。ジュ[図9]

ゴンの骨は西表島の海岸で、貝塚から洗い出されたものを拾い上げたものだ。ゴンドウクジラの頭骨を手にするとクジラの骨は重いと思うのだけれど、それほど大きさの変わらない両者の肩甲骨を手に持って重さを比較すると、クジラよりもジュゴンの骨のほうがずっと重いことがわかる。これは両者でくらしが異なるからだ。クジラは肉食である一方、ジュゴンは海草を食べている。緻密で硬く重い骨を持っているジュゴンは沈みやすい。力を抜くと自然に海底に沈むジュゴンは、よけいな運動をしなくとも海底に生える海草を食べることができる。また、植物質を消化する動物は腸内や胃の中の微生物の力を借りている。ジュゴンの場合も後腸内の微生物の力で植物の繊維を消化している。このように微生物による分解の過程でガスが生じるため、ジュゴンはおならもたくさんする。消化の過程でガスが生じることも、骨を重くして浮力調節を行う理由だろう。

ジュゴンとクジラでは食生活も骨密度も異なっている。ジュゴンの祖先は偶蹄類ではなく、ゾウや絶滅した哺乳類である束柱類（日本からも化石で知られるデスモスチルスなどの仲間）に近いグループであると考えられている。実際、西表島の海岸で拾ったジュゴンの頭骨（昔の人が食べ残した骨のため、バラバラになっているが）を見ると、鯨類とはまったく異なったつくりをしているのがわかる。初期のカイギュウ類であるプロラストミと呼ばれる動物は、ムカシクジラがそうであったように、やはり四本の脚を持っている動物だった。そして、ジュゴンの祖先に近い仲間の現生種であるゾウの乳房は前脚のつけ根に位置している。化石からは乳頭の位置まではわからない。しかし、クジラと縁の近いカバの乳頭が後脚のつけ根近くにあり、ジュゴンと縁の近いゾウの乳頭が前脚のつけ根に位置しているのは偶然とはいいがたい。つまり、ジュゴンとクジラの乳頭の位置の違いは、祖先由来といえるのではないか。僕はそんな話を生徒たちにした。

乳頭にもれきしがある。ジュゴンの乳頭とクジラの乳頭の比較から、そうしたことが見えてくる。しかし、なぜそもそも、ジュゴンの祖先であるゾウと、クジラの祖先である偶蹄類では乳頭の位置が異なっているのだろう。乳頭のれきしをさらにたどる。乳を分泌する乳腺は汗腺に由来すると考えられている。卵を産むことで有名なカモノハシは乳頭も持っておらず、乳は一定の場所にしみ出す形で分泌される。

「世界で一番、たくさん乳頭を持っている動物はなんだと思う？」

そんな質問をしてみた。驚いたことに、「乳頭の数って、それだけ子どもをたくさん産む動物ってことだよね。じゃあ、オポッサム？」なんていう答えが一人の女生徒から返された。乳頭数の多い動物の例として、アカハラジネズミオポッサムの二五個があると本には書かれている。しかし、僕自身もこの授業案を考えるまで、オポッサムの仲間にそんなにたくさんの乳頭を持っている種類がいるなどとは知らなかった。ほぼ同じ内容の授業を大学生にしてみたが、大学生たちからも、むろん、「オポッサム」などという返答は返ってこなかった。珊瑚舎スコーレの生徒たちは一〇名しかいないのだけれど、その多様性はずいぶんと高い。いや、授業の中でそれぞれの個性を出すことに慣れている分、多様性がよく伝わってくるということかもしれない。

「二五個も乳頭があるの？　なんだか体中にあるみたい」

そんな生徒の一人の声に笑いが起こる。

二五個もの乳頭は、無秩序に配列されているわけではない。基本的には前脚のつけ根から後脚のつけ根にかけて、左右に配列されている。この乳腺ラインとでも呼べる配置は、哺乳類の一員であるヒトも同じで、ヒトの場合は胸に一対の乳房が発達するのだが、ときとして乳腺ライン上に副乳と呼ばれる痕跡的な乳頭が姿を現す場合がある。

まとめてみると、乳頭の位置は、まず乳腺ラインに乳頭が配列されるという基本デザインがもとになっている。その基本デザインをもとにして、産児数やくらしにあわせて発達する乳頭の位置が決まる。そうして決まった祖先の乳頭の位置を受け継いでいる場合もある。生き物の形の背景には、こうしてくらしとれきしが必ずある。

モザイクとしての人体

「ここで、もう一度、みんなに絵を描いてもらいたい。なにも見ないで、魚の絵が描けるかな?」

今度の問題では、魚の体のどこにヒレ9章扉がついているのかに着目した。尾ビレは全員が描いている。背ビレもほぼみなが描き込んでいる。胸ビレも同様だ。しかし、腹部にあるヒレについてはどうだろう。たとえばタイの腹部には、腹ビレと尻ビレというヒレがある。大学生の授業で同じ問題を出したところ、総計五二名の学生のうち、三〇名は腹ビレも尻ビレも描いていない魚の絵を描き、一九名は尻ビレだけ描き、三名だけが両方のヒレを描いていた。架空の存在である人魚の場合、ほぼ全員が同じイメージを持っていたのだけれど、実在する魚の場合、絵に描いてみるとじつはよく知らないことがあることに気づく。

ここで、魚の図鑑(『日本産魚類大図鑑』)を持ち出した。

図鑑は、原始的なグループから進化したグループの順番に並べられているのがつねである。では魚類図鑑の場合、最初のページに出てくる魚はなんだろうか? と聞いてみた。

「シーラカンス?」

この答えは大学生でも出てくる。シーラカンスは確かに原始的なつくりを今に残す魚類だ。しかし、手にした図鑑は日本産の魚類を扱った図鑑なので、シーラカンスは登場しない。

「ヌタウナギ」

ここでまた驚いたのは、虫ギライだという男子生徒がこんな発言をしたことだ（大学生はヌタウナギを知っているだろうか?）。そして確かに『日本産魚類大図鑑』の最初のページにはヌタウナギが紹介されている。

冷蔵庫からヤツメウナギの干物を取り出して生徒たちに見せた。ヌタウナギやヤツメウナギは、円口類と呼ばれるきわめて原始的な魚類である。円口類の体には、まだ顎と呼べるつくりがない。顎と呼べるつくりができるのは、図鑑ではヌタウナギの次ページから紹介されているサメなど、軟骨魚類になってからだ。サメの表皮はサメ肌と呼ばれるようにざらざらしているが、こうした表皮に生えていた皮歯こそ、すべての脊椎動物の歯の起源と考えられている（歯と顎を持つ最初の魚類は、軟骨魚類以前に出現し、現在はすべて絶滅した刺魚類である）。歯と顎を持つことで、それまで微生物などを鰓でこしとって食べていた原始的な魚たちは、より大きな獲物をとらえ飲み込むことができる動物になっていった。

さて、れきしの中では、軟骨魚類のあとに、イワシやサケ、マグロやサンマといったよく名前の知られた魚たちが登場してくる。ヒトをはじめとした陸上の脊椎動物は、その祖先をたどると、魚にたどり着く。すなわち、魚とヒトでは、体の基本デザインに共通性があるはずだ。ヒトの手は、魚の胸ビレにあたる。こういうと、生徒たちはみな、うなずいている。では、ヒトの足は魚のどこにあたるだろうか。じつは生徒たちの絵で足りないのは、ヒトの足にあたるヒレ……腹ビレであるのだ。なにも見ないで魚の絵を描くと、腹ビレを描かない生徒や学生が多いのだが、彼ら・彼女らは「足」のない魚を描いていることになる。

では、図鑑の一番後ろのほうに出てくる魚はなんだろう。

「タイ?」「カサゴ?」「カレイ?」「マンボウ?」

いろいろな魚の名があがる。正解はマンボウを含んだフグの仲間だ。

マンボウやフグの体を見ると、腹ビレがないことがわかる。「足」のない魚もじつは存在している。そしてそんな「足」のない魚こそ、進化した魚なわけである。

魚の世界を見渡すと、世界には、生きた化石と呼ばれるシーラカンスが今もなお、生存し続けている。それだけでなく、原始的な形を今に残したヌタウナギから、最新式の魚であるフグまで、さまざまな進化段階にある魚がともに海を泳いでいる。海の中には、けっして、最新式の魚ばかりが泳いでいるわけではないのだ。いわば、ここにもモザイク構造が見て取れる。ヒトの体の成り立ちに目を向けると、顎や歯は五億年ほども前に起源をさかのぼる器官であるし、手足は三億年ほど前、乳腺は二億年前と、ヒトの体もまた生きた化石のような器官から、最新式の器官まで、モザイク状に成り立っていることがわかる。

僕は最後に、そんな話をして授業をまとめた。

偶然といやおうなし

自然がモザイク状なのは、成り立ちにれきしがかかわるからだ。れきしには、偶然や、いやおうなしの出会いといった、さまざまな積み重ねが含まれる。

僕の原点は南房総での貝殻拾いにあった。僕はそこから自然の多様性に目を開かされた。

僕が南房総に生まれたのは、北海道で教員をしていた父の下に生まれた長女……つまり姉が病弱で、もっと暖かな土地での養育が必要とされたからだ。父が勤務校に黙ってひそかに採用試験を受け、受かった先が、たまたま南房総の学校であった。

僕が生き物の世界にひかれ続けた理由は、ひょっとしたら、生き物の世界を追いかける以外は、まるでだめだったからかもしれない。音痴で運動も苦手で、算数の時間も苦痛で語学は完全に落ちこぼれた。生き物の世界にしがみついたのは、いやおうなしの選択ではなかったか。

そしてまた。

「生き物はいいぞ、一生見ていても飽きないから」

小さいころ、生き物好きを自覚し始めた僕の背中をおしてくれたのは、生物の多様性を認識し、それを言祝いだ父のひとことだった。父は亡くなったが、そのひとこととともに、父はまだ僕の中にある。僕らもまた、モザイク状の存在としてある。

「虫なんてキライだけど、ちょっとおもしろいと思った」……もし、僕の授業やフィールドワークでそういってくれる生徒や学生がいたとしたら、彼または彼女の中に、僕という他者の見方が入り込み、モザイク状態が生み出された証だと僕は思う。そんな他者の一部となれるように、僕は、自分とは異なる感性の人の力を借りつつ、もっと自分自身が自然のおもしろさを感じ取っていきたいと思う。

おわりに

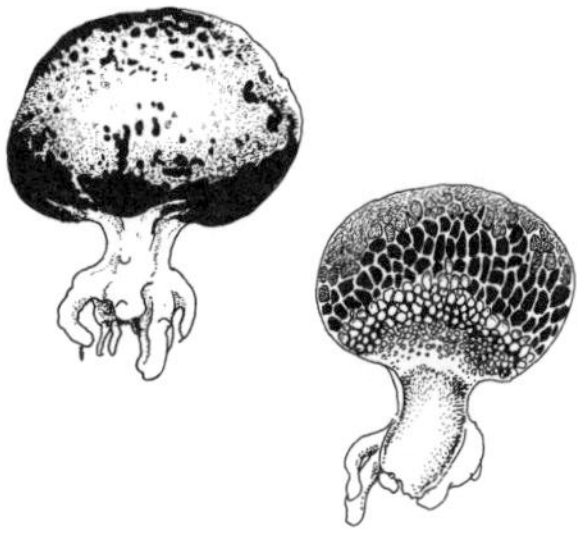

コツブタケ

徳之島に渡る。

二日間にわたって、島のあちこちの集落で、おじい・おばあから話を聞く。たとえば、徳之島・花徳では、ケブシナーバと呼んでコツブタケを食用にするという話を聞く。コツブタケを食用にするなどという話は、本の中でも見たことがない。こうした初めて聞くような生物利用の話を聞き取ると、あらためて島々はそれぞれの世界であり、おじい・おばあはそうした世界についての知を集積した百科事典のような存在であると思う。また、ぜひ、続きの話を聞きに行かなければと思う。

島での講演会は、あれこれ考えて、冬虫夏草を紹介することにした。おそらく、徳之島の冬虫夏草はだれも本格的には調べていないはずだ。奄美大島は冬虫夏草の宝庫として知られるが、奄美大島とはまた異なった冬虫夏草が見つかるのではないか。そんな予想を島の人たちに伝えた。

思っていた以上に、冬虫夏草の話は島の人たちの興味をひいた。

「どうやって冬虫夏草はとりつく虫がわかるのですか？」

こうした質問をいろいろと受ける。

「冬虫夏草にとりつかれやすい虫っているの？」

一人の小学校五年生の男の子は、そんな質問をしてくれた。

冬虫夏草にはまだわからないことが多い。答えられる質問もあれば、答えられない質問もある。

「今度、季節になったら、一緒に探しに行ってもらえませんか？」

そんな声もかけられる。ぜひ、実現したいものだと思う。

講演が終わって、調査や講演のだんどりをつけてくれたＮＰＯ徳之島虹の会の方々と打ち上げをした。

「教科書はね、本土仕様なんですよ……」

会の事務局を務める美延睦美さんが、そんなことをいう。徳之島にはアマミノクロウサギやトクノシマトゲネズミといった固有の自然が存在している。しかし、そうした固有の自然に目を向ける子どもたちはどのようにしたら育つのか。教科書にはサクラは四月に咲くと書かれているけれど、徳之島ではそんなことはない。「秋になると」という単元では教科書の中で紅葉が取り上げられているけれど、徳之島には紅葉もない。身近な自然の固有性に気づく目から、育んでいく必要があるのではないのか……。美延さんからの問題提起に深く同意する。

そのことで、自分はなにができるのかを考える。

まだまだ、やりたいこと、やらなければいけないことは残されている。

自由の森学園で骨に出会った。

骨取りでは、二人の生徒とのかかわりがとくに深かった。

先に少し触れたように、卒業後のミノルは、ドイツの博物館で標本士として働き、日本に帰国したのち、日本初の標本士として活躍している。マキコもまた、大阪自然史博物館友の会の職員として働きながら、なにわほねほね団という骨格標本作成のボランティア団体を立ち上げた。そのマキコらが中心となって、大阪自然史博物館で「ホネサミット」なる催しが開催されるようになっている（二〇一五年現在までに三回執り行われている）。

第一回目のホネサミットではミノルが招かれ、ドイツ仕込みの標本作成法についての講演会が行われた。その講演で、永遠に標本を残すという使命を持つ博物館の標本づくりにおいては、骨格標本作成時に加熱処理を行うことはほとんどないと聞いて驚いた。骨の周囲の肉はタンパク質分解酵素によって処理され、骨に含まれる有機質は、有機溶媒によって溶かし出される。その不純物を溶かし込んだ有機溶媒を浄化する特別な装置まで博物館にはそなわっているというのを聞いて、また驚く。

こうした話を聞くと、博物館における本格的な骨格標本づくりと、僕らが行ってきた骨取りとは、かなり質の異なるものであることがわかる。僕にはとうてい博物館で必要とされる本格的な骨取りはできそうもない。また、マキコも嬉々として、博物館の標本づくりにかかわっている。おそらくタヌキだけで何十頭、何百頭と手がけているのではないだろうか。これまた、僕が手がけた骨取りとは、量が明らかに異質だ。これだけひたすら標本をつくり続けて倦むことがないということも、自分では考えられない。

けっきょくのところ、僕は少年時代に夢を見た博物館に勤めなくてよかったのではないのだろうか。ミノルやマキコを見ていると、僕には博物館に勤務する適性がないように思うからだ。それでも、代わりにミノルやマキコがそのような道に進んでくれている。さらに、本を書いていることから博物館での講演やワークショップに招かれることがある。骨を入れたザックを担いだ自称、行商博物館でもあちこちに出向いている。博物館員にはなれなかったけれど、博物の世界とはなにかしら、かかわっているといえよう。

ただ、適性ということでいえば、また、思うことがある。

僕は生き物屋の一員である。まだまだ見てみたい生き物はたくさんある。僕の中で、生き物好きは、どうしようもない、性のようなものとしてある。

僕はまた生き物のイラストレーターもしている。お金になるかどうかは関係なく、僕は生き物の絵を描いているときに、一番充実感を覚える。

僕は理科教員でもある。僕は生き物の世界を人に伝えることで給与を得ている。

適性云々でいえば、僕は生き物屋にもイラストレーターにも教員にも適性はないと思う。幻の生き物を見つけ出すためにアフリカ奥地に乗り込むガッツはないし、生き物を本物そっくりに描く器用さは持ちあわせていない。生来のあがり症のため、人前で話をすると、よく頭の中が真っ白くなってしまう。それでも、僕は「見る・描く・伝える」ことを続けてきた。おそらくこれからも続けていくと思う。僕は博物館員でも、博物学者でもないけれど、博物という言葉にあこがれ、死ぬまで地球上の生き物すべてを見たいと願い続けているだろう。

この本を書くにあたって、担当編集者である光明義文さんからいわれたお題がある。

「最終講義のつもりで本を書いてみてください」と。

ええっ？

最終講義？

そんな年でもないのだけれど。それでも、人間、いつ死ぬかはわからない。人間も自然の一部である。自然というのは本来、意のままにならないものだ。そこで、自分のきた道を振り返ってみることにした。

「最終講義」を書き上げるということは、これまでにやってきたことを総括し、そのうえであらたな試みにとりかかる決意を表明するということになるのだろうが、じつのところ、これまでやってきたことが一段落したともいいきれないし、あらたに「これ」を始めるといえるものもない。たとえこれからなにかを始めるとしても、今までどおり、なにかを始めてしまってからあわてて考えるというスタイルを踏襲してしまいそうである。

それでも、とりあえず、本書ではこれまで僕がなにを見たいと思い、なにを描きながら、なにを伝えようとしてきたのかを俯瞰してみたつもりだ。これまた、自分の適性からいえば、このような企画ははなはだ適格外であると思うのだけれど。ただ、こう書いていて気づいたことがある。本もまたモザイク的な存在なのだ。本というものは著者名で出版されるものなのだが、実際には、編集者やデザイナーとの合作として生み出されるものである。自分だけであれば、およそ本書を書こうなどと思うことはなかったろう。そして本書を書くことがなければ、自分でも意識化できないことが多々あった。僕たちは、日々、他者の一部を自分に取り込み、あらたな自分になっていく。このようにして生み出された本書が、今度は、読者のみなさんの中のあらたな一部を生み出すきっかけになればと願う。

参考文献

青葉高　1993『日本の野菜』八坂書房
新城俊昭　1994『高等学校　琉球・沖縄史』沖縄県歴史教育研究会　新城俊昭
池田和子　2012『ジュゴン　海の暮らし、人とのかかわり』平凡社
池田等ほか　2007『タカラガイ・ブック』東京書籍
伊沢紘生　2014『新世界ザル　上・下』東京大学出版会
犬塚則久　2006『"退化"の進化学』講談社ブルーバックス
伊波普猷　1973『をなり神の島』平凡社東洋文庫
今泉吉典　1960『原色日本哺乳類図鑑』保育社
ウィリアムズ, C.B.　1986『昆虫の渡り』築地書館
荻原豪太ほか　2010「鹿児島県笠沙沖から得られたカンムリブダイ（ベラ科：ブダイ目）の記録」*Nature of Kagoshima* **36**：43-47
忍澤成視　2009「"幻の貝"を求めて海を渡った先史時代の人びと」『三宅島自然ふれあいセンター・アカコッコ館研究・事業報告』**12**:3-29
加藤秀弘　1995『マッコウクジラの自然誌』平凡社
久保弘文ほか　1995『沖縄の海の貝・陸の貝』沖縄出版
小山修三　1984『縄文時代』中公新書
佐々木猛智　2010『貝類学』東京大学出版会
島田拓哉　2008「野ネズミとドングリとの不思議な関係」日本生態学会編『エコロジー講座　森の不思議を解き明かす』文一総合出版　pp.54-63
高木仁三郎　1998『いま自然をどうみるか』白水社
田中二郎　1978『砂漠の狩人』中公新書
谷川健一　1974「人面魚体のもの言う魚」『アニマ』**5**：44-49
当山昌直　2011「ジュゴンの乱獲と絶滅の歴史」湯本貴和編『島と海と森の環境史』文一総合出版　pp.173-194
中村和雄　2015「沖縄島南部3か所における鳥類相と主要種個体群の特徴」『地域研究』**15**:1-17
中村洋平　2011「サンゴ礁の魚たち」日本サンゴ礁学会編『サ

ンゴ礁学』 東海大学出版会 pp.153-176
野本寛一 1995 『海岸環境民俗論』 白水社
長谷川政美 2011 『新図説 動物の起源と進化』 八坂書房
半野いず実ほか 2011 「チビモダマ系ドロップモダマとチョコモダマについて」『どんぶらこ』**36**:1-4
益田一ほか 1984 『日本産魚類大図鑑』 東海大学出版会
湊宏 1989 「日本産ナメクジ科の新属新種、イボイボナメクジの記載」『VENUS』**48**(4):255-258
村上好央 1962 「日本産普通多足類の後胚発生 X ヤケヤスデの生活史」『動物学雑誌』**71**:245-249
村山司編 2008 『鯨類学』 東海大学出版会
盛口満 2007 「理科の授業と生活体験 夜間中学及びフリースクールの授業実践から見えてきたこと」『沖縄大学人文学部紀要』 **10**:157-170
盛口満 2013 「沖縄島におけるシロタマゴクチキムシタケのホストについて」『冬虫夏草』 **33**:30-32
柳田國男 1989 『柳田國男全集 1』 ちくま文庫
山口未花子 2014 『ヘラジカの贈り物』 春風社
山本紀夫 1995 「栽培化とは何か トウガラシの場合」福井勝義編 『講座地球に生きる ④自然と人間の共生』 雄山閣 pp.61-93
吉井正 1975 「ミズナギドリ科の鳥の渡り」『アニマ』**33**:26
渡辺政美 1987 「三浦半島沿岸海域に於けるタカラガイ類の分布状況（その1）」『相模貝類同好会会報 みたまき』**21**:44-50

Kobayashi,D. et al. 2011 Bumphead Parrotfish (*Bolbometopon muricatum*) Status Review. *NOAA Technical Memorandum. NMFS-PIFSL-26.* 113pp.
Ohe, F. 1985 Marine Fish-Otoliths of Japan. Senior High School Attached to the Aichi University of Education, Aichi, Japan.
Tewksbury,J.T. 2008 Evolutionary ecology of pungency in wild chilies. *PNAS,* **105**(33):11808-11811
Zare, R. et al. 2001 A revision of Ventidium sect, Prostrata. V. The genus. *Nova Hedwigia,* **73**:51-86

より自然を楽しむために……自著ガイド

本書の各章に関係している自著を紹介したい。各章で触れられている内容について興味を持たれた方は参照していただければ幸いである。

第１章

『フライドチキンの恐竜学』 2008　ソフトバンク・クリエイティブ

日常、目にする機会の多い骨のひとつに、ニワトリの骨がある。ニワトリの骨を素材としながら、鳥の骨全般についての解説と、ひいては鳥は恐竜の子孫であることを紹介している。鳥の骨はまた、海岸でも拾い上げる機会がよくあるので、第１章に紹介したように海の拾いものに行く機会がある際には、参照していただけたらと思う。

第２章

『僕らが死体を拾うわけ』 2011　ちくま文庫

本書に紹介した、自由の森学園を舞台にした、「骨取り物語」を描いた本。本書の初出はどうぶつ社。編集者であるＨさんからは、「生き物を見るときは、おたくになれ。でも、そんな自分を一歩離れて見て笑え」というアドバイスをいただいた。以後、このアドバイスをこころするようにしている。

『骨の学校』 2001　盛口満・安田守　木魂社

自由の森学園の同僚であった安田守君との共著。本書もまた「骨取り物語」であるのだが、後半は、骨取りのマニュアル的な内容も取り込み、実際に骨取りをしたいと思っている人にとってガイドとなることも試みた。

『小さな骨の動物園』 2005　盛口満ほか　ＩＮＡＸ出版

本書に登場する、ミノルやマキコなど、自由の森学園の骨取り同志たちが中心になって執筆した本。プロのカメラマンによって撮影された骨の写真も美しい。

第３章

『ぼくらの昆虫記』 1998　講談社現代新書

自由の森学園時代、生徒たちとのやりとりや、生徒たちから寄せられた質問をもとに書いた「昆虫記」。つまり、昆虫記といっても、内容は「昆虫というテーマで、虫ギライの中高生との間にいかに回路をつくりだせるか」という模索の過程の紹介となっている。そのため、ゴキブリやカマキリ、フンコロガシといった昆虫が取り上げられている半面、チョウやカブトムシは登場しない。（現在は品切れ）　また、虫ギライの学生の視点をもとに描いた絵本として、『イヤムシずかん』（ハッピーオウル社）がある。

『ゲッチョ先生のナメクジ探検記』 2010　木魂社

本書で紹介したように、ナメクジ愛好症の学生がNPO珊瑚舎スコーレに入学したことから始まる、ナメクジギライだった僕がナメクジに興味を持ち、追跡するに至った経過が描かれている。巻末に日本産のおもなナメクジの写真解説つき。

『わっ、ゴキブリだ！』 2005　どうぶつ社

生徒・学生にとって、ゴキブリは「じつは人気者ではないのか」という仮説を持ったがゆえに、さらにはゴキブリの多様性の高い沖縄に移住したがゆえに、ゴキブリに興味を持つことになった。結果、「ゴキブリはけっこうおもしろい虫だ」と確信し、ゴキブリについての普及書を書くに至る。おかげで、僕は、某ブログで「ゴキブリ伝道師」と紹介されている。（現在は品切れ）

『テントウムシの島めぐり』 2015　地人書館

テントウムシはだれでもその名を知っている一方、種類や生活史については案外知られていない。街中でも見ることのできるテントウムシを追う中で、地域の自然の固有性にも気づいていく……という自身のテントウムシ探究記録。

第４章

『ゲッチョ先生の野菜探検記』 2009　木魂社

本書で紹介しているように、野菜ギライの毒蛇屋との会話から、「野菜は毒＝だって食べられたくないから」という視点をもらい、身近な野菜について、その視点から、あれこれと観察・調査してみて、まとめた本。本書を出発点として、『見てびっくり野菜の植物学』（少年写真新聞社）という絵本も描いている。

『ネコジャラシのポップコーン』 1997　木魂社

作物には、すべて野生植物としての祖先がある。このことも、普段はあまり意識しないことだろう。しかも、作物の祖先は、案外、身近に生えている……。ネコジャラシとアワの関係を、「食べる」という実体験も含めて追いかけ、見えてきたことをまとめた本。

『雑草が面白い』 2015　新樹社

上記の本の内容の「裏返し」ともいえる。今度は身近な雑草から、作物を眺めてみる……ということをしてみた。そうした視点を持つことで、初めて、「雑草」とひとまとめにしてきたものが、個々の植物として認識できるようになる。また、「雑草」の「雑」には、どんな意味が込められているのかについても、考えてみた。

上記２冊と同様のテーマのビジュアル版として『おいしい“つぶつぶ”穀物の知恵』（少年写真新聞社）という絵本もある。

『ドングリの謎』 2011　ちくま文庫

身近なドングリ（じつは、沖縄島中南部では身近ではないのだが）も、よくよく見ると、よくわからないことがある。たとえば、１本のコナラの木が落とすドングリを毎年すべて拾い集めて数を数えてみると……。「拾う」「食べる」「考える」という三本柱でドングリのことを追いかけてみた。

これも、同じようにドングリを扱った絵本に『ひろったあつめたぼくのドングリ図鑑』（岩崎書店）がある。

第５章

『ジュゴンの唄』 2003　文一総合出版

沖縄移住を決める、僕にとって大事な物語が、ジュゴンをめぐる物語だった。西表島沖に浮かぶ新城島に伝わるジュゴン猟の唄の存在に気づき、教えてもらう旅は、僕にとって、遠い自然とはなにかを考える旅でもあった。(現在は品切れ)

『西表島の巨大なマメと不思議な歌』 2004　どうぶつ社

小学生時代に見た、１枚の写真。そこには信じられないくらい大きなマメが写されていた。以来、この巨大マメは僕にとってのトーテムとして存在している。そして、巨大マメを追い、西表島を訪ね続けるうち、今度は西表島にくらす人々の語る物語や知恵が僕を強くひきつけていくことになる。(現在は品切れ)

『聞き書き・島の生活誌 ①　野山がコンビニ　沖縄島のくらし』
2009　当山昌直ほか編　ボーダーインク

『ソテツをみなおす　奄美・沖縄の蘇鉄文化誌』 2015　安渓貴子ほか編　ボーダーインク

ふと気づくと、琉球列島の里周辺は、大きな変革を遂げてしまっている。今や、里の風景は、おじいやおばあの記憶に残るばかりだ。そうしたかつての琉球列島の里の風景を、おじいやおばあの話から掘り起こし、復元できないだろうかと考えている。おじい・おばあの話を聞き集めていると、膨大な知の詰まった図書館で本を筆写している気分になる。なお、『聞き書き・島の生活誌』は、全７冊シリーズ。また、これらの聞き書きをまとめた内容を、『奄美沖縄環境史資料集成』(安渓遊地ほか編　南方新社) の中で分担執筆している。

第６章

『骨の学校 3　コン・ティキ号の魚たち』 2005　木魂社

毎日のくらしの中で、僕らはどのくらい骨に出会っているか (または出会っているはずなのに、無視しているか) をきちんと見てみようと、１年間、毎食の骨を取り出してマイ貝塚をつくっていった

プロジェクトから見えてきたこと。日常の中でも探検に類することができるのではないかというのも、底流にある考え。

同じ路線の絵本に、『食べて始まる食卓のホネ探検』（少年写真新聞社）がある。

第７章

『ぼくは貝の夢をみる』 2002　アリス館

僕は、いろいろな生き物を追いかけているが、その生き物を「夢にみるか」どうかというのが、自分の熱の入れようの判定基準となっている。そんな僕の原点を、見返してみた、児童向けの読み物。

『青いクラゲを追いかけて』 2004　講談社

ニューストンと呼ばれる生き物たちがいることは、沖縄に移住後に知った。また、ニューストンを追いかける中で、深海という別世界にも、自分なりに近寄れることにも気づいていく。青いクラゲとはどんな生き物なのかという謎解きから、異世界への扉の存在を提示した、児童向けの読み物。（現在は品切れ）

『おしゃべりな貝』 2011　八坂書房

貝殻は丈夫であるがゆえに、時を超えることができる……この気づきが、あらたな貝殻拾いの始まりになった。なぜ、そこに時を超えた貝殻が落ちているのか。はたまた、なぜ、今はその貝は生きているものを見ることができないのか。足元の渚に、人間の自然へのインパクトを読み解く鍵が落ちている。

第８章

『冬虫夏草の謎』 2013　丸善

僕にとって、原風景の一角を占めるのが屋久島の森だ。その森で、僕は最初に冬虫夏草に出会った。冬虫夏草は僕にとって、マニアチックに、ときにシビアに自然を見るためのツールとしてある。

『冬虫夏草ハンドブック』（文一総合出版）は、その冬虫夏草のミニガイド。自由の森学園時代の同僚の安田君が美しい写真を撮ってくれている。

『雨の日は森へ』 2013　八坂書房

きわめつけの生き物屋は、普通の人の目から見ると妖怪のような存在だ。一方、僕は、きわめつけの生き物屋から見ると一般人よりの存在である。つまり「妖怪人間」が僕の立ち位置だ。そんな僕は、普段は都市生活を送っているものの、ときどき森の中に潜り込み、妖怪化しないとバランスがとれない。では、妖怪化した僕が見ているものとは……。

『生き物の描き方』 2012　東京大学出版会

僕は不器用である。それでも、生き物の絵を描くことが好きだ。本格的に絵を学んだことはない自己流であるけれど、もし絵の描き方のコツはなにかと聞かれたら、それは「ウソのつき方を知っていること」と答えたい。生き物を見る方法のひとつとして、生き物をスケッチするという方法がある。その生き物の描き方について紹介してみた。

第９章

『ゲッチョ先生の卵探検記』 2007　山と溪谷社

第９章の中身とは直接関係がないが、珊瑚舎スコーレの授業の様子がわかる本。生徒とやりとりをする中で、授業が思わぬ展開を見せたり、その授業でのやりとりが、あらたな自然を見るきっかけになったりする例を､卵を素材とした授業を中心にして紹介している。

『シダの扉』 2012　八坂書房

僕の父は､化学屋になる以前､植物学者になることを夢見ていた。僕自身が知らぬ間に、たくさんの影響を父から受けているのだということが、シダを追いかける中で見えてきた。このことから、自分はモザイクとして存在しているのだということを意識するようになった。

著者略歴
1962年　千葉県に生まれる。
1985年　千葉大学理学部生物学科卒業。
自由の森学園中・高等学校の理科教員を経て、
現在　沖縄大学人文学部こども文化学科教授。
専門　植物生態学。

主要著書
『僕らが死体を拾うわけ』（1994年、どうぶつ社）
『ゲッチョ先生の卵探検記』（2007年、山と溪谷社）
『ゲッチョ先生の野菜探検記』（2009年、木魂社）
『おしゃべりな貝』（2011年、八坂書房）
『生き物の描き方』（2012年、東京大学出版会）
『昆虫の描き方』（2014年、東京大学出版会）
『植物の描き方』（2015年、東京大学出版会）ほか多数

自然を楽しむ—見る・描く・伝える
発行日……………2016年3月1日　初版
［検印廃止］
著者………………盛口 満（もりぐちみつる）
デザイン…………遠藤 勁
発行所……………一般財団法人 東京大学出版会
代表者 古田元夫
153-0041 東京都目黒区駒場4-5-29
電話 03-6407-1069　振替 00160-6-59964
印刷所……………株式会社 三秀舎
製本所……………牧製本印刷 株式会社

ISBN 978-4-13-063345-1　Printed in Japan